汤粥妙补更健康

靳爱华 主编

参编人员（以姓氏笔画为序）

王秀云 王　燕 马学林 牛年英 白亚峰
付其云 安金环 李永平 李贵香 李亮珍
李凤华 刘云峰 刘忠全 任建峰 任继爱
张德惠 张福宝 张　鑫 张艳红 武咏琴
孟东东 胡新爱 秦学忠 郝建红 郝谈平
梁民民

中国纺织出版社有限公司

序言

饮食养生，自古有之。最早是为帝王服务，以后逐渐地传播至民间，并形成了各种专著。

唐代有孟诜的《食疗本草》，元代有吴瑞的《日用本草》、忽思慧的《饮膳正要》和贾铭的《饮食须知》等。

如果说《食疗本草》和《日用本草》偏重于疾病的治疗方面，而《饮膳正要》则开始从健康人的饮食方面来论述食物的调理。迄明清至近现代，还有不少食疗方面的专著，这都是我国医药学的文化宝库，亟待发扬和普及以葆人们的健康。

宋代诗人陆游有“食粥”诗云：“世人个个学长年，不悟长年在目前，我得宛丘平易法，只将食粥致神仙。”

张学良活到了101岁，有人请教他对长寿的体验，他总结了四个字，那就是“汤汤水水”。

通过大量实践证明，粥汤养生是科学的，是实用而可信的。本书集科学性、实用性为一体，通俗易懂。

仅以此序，飨我读者。

谢惠民

目录

第一章
吃粥喝汤，好处多多 /15

第二章
晨粥饭前汤，补益精气养全家 /35

第三章

久病虚乏者，食汤粥最宜 /57

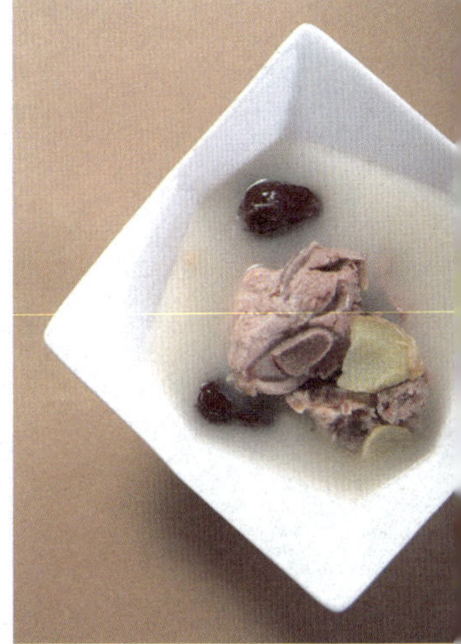

第四章

脏腑不足，用膳可代药之半 /163

养肤驻颜 /218

第五章
春夏秋冬，话汤粥养人 /223

春润肝 /224

夏养心 /228

秋润肺 /232

冬补肾 /238

附录 常用食材滋补面面观 /244

第一章
吃粥喝汤，好处多多
糜粥一省费，二味全，三津润，四利膈，
五易消化，养老最为相宜。
——清 黄云鹄《粥谱》

以汤粥为膳，从帝王至民间

善治病者，不如善慎疾；善治病者，不如善治食。以汤粥为膳的食疗文化在中国已有数千年的历史。"以食为养"的食疗文化一直紧紧地与我国精湛博大的饮食文化结合在一起，且流传至今仍然受到百姓的喜爱。

古人云："粥饮为世间第一补物"

中国古代食粥的历史从先秦至今，非常悠久。关于粥膳的专著最为著名的则是清代文学家黄云鹄的《粥谱》，其书收集了从先秦到明代的数百种食粥方法，以及关于食粥的论述、注意事项等，其专与丰富无他书可及。

黄云鹄对食粥钟爱有加，其经过多年食粥的经验获得了食粥之益，觉身体"较十年前为健壮"之后，便决心撰写《粥谱》以利人。他说："吾近读养生之书，乃盛称粥之功，谓于养老最宜。一省费，二味全，三润津，四利膈，五易消化。试之良然。每晨起，啜三四碗，亦不觉饱闷。予性颇讳老，亦实觉较十年前为壮健。自得粥方，益复忘老。粥之时用大矣哉。"

据现代科学证明，食粥对身体有诸多好处，尤其适宜中老年人食用。而药粥可以起到营养兼调理的双重作用。药借粥力，粥借药威，相辅相成，既有营养价值，又可防病强身。

中国古代食粥风之盛

黄云鹄曾在《粥谱》中描述："吾乡人讳食粥，讳贫也。顾都邑豪贵人会饮，必继以粥。索粥不得，主客皆不怿。粥固不独贫者食矣。"我国古代贫民、灾民以食粥果腹。

然，帝王将相、达官贵人食粥则为调

剂胃口，延年益寿，滋养身体。白居易曾饮御赐“防风粥”，居然“食之口香七日”。

现今，百姓食粥多为养胃养生。

以汤滋养，从古到今备受青睐

在《黄帝内经》中有这样的记载：“五谷为养，五果为助，五畜为益，五菜为充。气味合而服之，以补精益气。”唐代名医孙思邈在《备急千金方》之《食治篇》中，指出了多种具备食疗效果的水果、蔬菜、肉等食物，以及很多食疗方，其中汤品占有很大的比例。可见，我国从古代便开始重视食养。

在民间对汤品则有“吃饭先喝汤，老了不受伤”“吃饭多喝汤，免得开药方”“天天都喝汤，苗条又健康”的赞誉。在日常生活中，产妇多以喝汤的方式来滋补、催乳，素体虚弱、病后、慢性病者均以汤饮的方式来调养；还有身体健康者平日多饮汤，也可达到强身健体、延年益寿的效果。

据科学研究证明：汤品有利于消化、吸收，减少了消化系统的负担，这是因为在煲汤的过程中，各种食材的营养成分被充分地渗入到汤中，很容易被人体吸收。

古人云“其高年之人，真气耗竭，五脏衰弱，全仰饮食以资气血，若生冷无节，饥饱失宜，调停无度，动成疾患……”老人之食，大抵宜其温、热、熟、软，忌其黏、硬、生、冷，汤品非常适宜中老年人食用。

粥膳的渊源

最早食粥之人可能是黄帝

粥膳是我国特有的食疗文化，其历史源远流长，据史书记载：黄帝好烹谷为粥，故推测我国食粥最早的人可能就是黄帝。

利用粥膳开始食疗养生，一般认为是在西汉时期。汉代司马迁编写的《史记·扁鹊仓公列传》记载了当时的名医用粥改善病症的事迹，说明粥膳具有很好的食疗作用。

东汉名医张仲景所著的《伤寒杂病论》记载了很多将粥膳与药物合用的名方，比如“桃花汤”，不过此处的“汤”并非我们如今饮用的汤，而是将米煮熟后去渣所用的米汤。

唐宋时期，粥膳养生开始普及

隋唐时期关于粥膳的记载，主要是隋代的医书《诸病源候论》与唐代著名医学家孙思邈的《备急千金要方》，其均记载了一些粥膳食疗方。在《备急千金要方》还有一些民间常用的粥膳食疗方，比如用谷皮糠粥来改善脚气，用羊骨粥来补阳气。

到了宋代，粥膳食疗又有所发展，粥膳养生变得更为普遍。其中，《太平圣惠方》中记载了100多个粥膳食疗方，《养老奉亲书》中收集了数十个粥膳食疗方，苁蓉羊肉粥、生姜粥等都沿用至今。

在金元时期，医学史上著名的金元四大家之一的李东垣对粥膳食疗很有研究，在此时期的《寿亲养老新书》收集了数十方粥膳食疗方。

清代黄云鹄之《粥谱》为集大成者

著名的明代医学家李时珍编著的《本草纲目》一书，收录了更多的粥膳食疗方；明太祖第五个儿子周定王主持编撰的《普济方》共收录了近200多方粥膳食疗方。

到了清代，《老老恒言》记载了数百种粥膳食疗方。而在清代光绪年间出现的《粥谱》无可厚非是粥膳食疗的集大成者，此书不仅收录了200多方粥膳食疗方，而且还描述了每方粥的疗效以及煮粥、食粥的注意事项。

今日粥膳编歌谣，为百姓普遍应用

粥膳发展至今，老百姓普遍应用，其种类非常丰富，而且针对性也很强，不同季节、不同人群、不同体质都有很多相适宜的粥膳。

更有甚者，将食用粥膳编成歌谣，便于百姓在日常生活中科学食用。比如：

若想降血压，煮粥加荷叶。
滋阴润肺好，煮粥放银耳。
健脾助消化，煮粥加山楂。
壮阳胜补药，煮粥放韭菜。
腰酸气肾虚，煮粥放板栗。
乌发又补肾，粥里放核桃。
春季防流脑，荠菜煮粥好。
梦多又健忘，粥里加蛋黄。

汤粥膳的好处

增强体质、滋补强身

因汤粥膳的原料不同，故其功效也会有所不同。汤粥膳对人体增强体质的功效主要表现在益气、补血、滋阴、养心安神、补肾壮阳、养肝护肝、养肺护肺、润肠通便、健脾养胃、清热解毒、散寒解表、利湿除邪等方面。

汤粥膳滋补，尤其适用于中老年人、产妇以及体弱多病者。因其可以润滑口腔和肠胃，刺激胃液的分泌，起到帮助消化的作用，营养成分容易被人体吸收，增进食欲，以增强人体抵抗力、增强体质。可以根据各自不同的情况进行滋补与调理，从而达到保健养生的目标。

保健强体、延年益寿

喝粥可以延年益寿，五谷杂粮熬煮成粥，营养更丰富，对于年长、牙齿松动的人或病人，多喝粥可防小病，是保健养生的最佳良方；巧妙搭配各种食材的汤饮也可提高人体免疫力、抵抗衰老，从而达到健康长寿、延年益寿的目标。

比如，食用枸杞子、银耳、何首乌、莲子、百合、薏米、桑葚、山药、蜂蜜、黑芝麻、大枣、桂圆等制成的汤粥膳，都有延年益寿的效果。

预防疾病、辅助疗养

在春季天气渐暖时食用一些菊花粥、菠菜粥、芹菜汤、猪肝汤可养肝护肝，有

效避免一些人因肝阳上亢而出现的头痛、眩晕等不适；夏季吃些荷叶莲子粥、绿豆饮、苦瓜汤可以清热解暑，以解暑气之苦；秋季吃些莲藕汤、沙参粥、玉竹粥、鸭梨汤，可以护肺养肺，避免秋燥、咳嗽、气喘等不适；而在冬季，热气腾腾的暖粥香汤可以帮助保暖、增加身体御寒能力，预防受寒感冒。

汤粥膳配以药品还可以帮助改善某些病症。比如，咳喘、感冒、食积、胃病、便秘、糖尿病、高血压、高血脂、失眠、贫血、月经不调、痛经、冠心病等都可以通过食用汤粥膳来辅助调理。一般情况下，高血压者可以食用芹菜粥；失眠可在汤粥里加桂圆、酸枣仁；腰部酸软肾亏之人，可食板栗粥；糖尿病人可食燕麦粥来避免餐后血糖突然上升；心血管病者可以在汤粥膳中添加黄豆、黑木耳。

即便是在生病时食欲不振，食一碗清粥，搭配一些色泽鲜艳又开胃的食物，既能促进食欲，又为虚弱的病人补充体力。

调节脏腑、排毒养颜

人体的五脏六腑与气、血、津、液都有着密切的联系。通过汤粥膳调节脏腑功能，可以调气血养津液，达到排毒养生的目的。

故而，汤粥膳还有养颜润肤、抗衰老、祛皱、祛痘、祛斑、美白、减肥瘦身、养发护发的功效。

根据自身体质滋补

由于每个人的体质各有不同，所以需要先了解自身的体质，然后根据各自不同的情况来选择适合自己的汤饮粥膳来滋补。常见的体质有以下几种：

平和质体质

总体特征：阴阳气血调和，以体态适中、面色红润、精力充沛等为主要特征。

形体特征：体形匀称健壮。

常见表现：面色、肤色润泽，头发稠密有光泽，目光有神，鼻色明润，嗅觉通利，唇色红润，不易疲劳，精力充沛，耐受寒热，睡眠良好，胃纳佳，二便正常，舌色淡红，苔薄白，脉和缓有力。

心理特征：情绪平稳，性格平和，容易开心，易于相处。

发病倾向：平素很少生病。

饮食调理：平补营养，均衡饮食，限盐限糖，多吃五谷杂粮、蔬菜瓜果，少食过于油腻及辛辣之物。

温馨提示：不可盲目滋补，更不可经常食用人参、冬虫夏草等大补之物进补。

气虚质体质

总体特征：元气不足，以疲乏、气短、自汗等气虚表现为主要特征。

形体特征：肌肉松软不实。

常见表现：平素语音低弱，气短懒言，容易疲乏，精神不振，易出汗，舌淡红，舌边有齿痕，脉弱。

心理特征：性格内向，不喜冒险。

发病倾向：易患感冒、内脏下垂等病；病后康复缓慢。

对外界环境适应能力：不耐受风、寒、暑、湿邪。

饮食调理：常食栗子、花生、刀豆、白扁豆、山药、南瓜、香菇、蘑菇、猴头菇、牛肉、鸡肉、鲫鱼、黄花鱼、鲈鱼等补气之物。

温馨提示：忌食破气耗气之物；忌食生冷、辛辣、厚味之物。

阳虚质体质

总体特征：阳气不足，以畏寒怕冷、手足不温等虚寒表现为主要特征。

形体特征：肌肉松软不实。

常见表现：平素畏冷，手足不温，喜热饮食，精神不振，舌淡胖嫩，脉沉迟。

心理特征：性格多沉静、内向。

发病倾向：易患痰饮、肿胀、泄泻等病；感邪易从寒化。

对外界环境适应能力：耐夏不耐冬；易感风、寒、湿邪。

饮食调理：可常食虾、羊肉、韭菜、核桃仁、鲢鱼、鹿茸、肉苁蓉、菟丝子、冬虫夏草、补骨脂等补阳之物。

温馨提示：忌生食冷食，应尽量不食用性寒凉之食物。

阴虚质体质

总体特征：阴液亏少，以口燥咽干、手足心热等虚热表现为主要特征。

形体特征：体形偏瘦。

常见表现：手足心热，口燥咽干，鼻微干，喜冷饮，大便干燥，舌红少津，脉细数。

心理特征：性情急躁，外向好动，活泼。

发病倾向：易患虚劳、失精、不寐等病；感邪易从热化。

对外界环境适应能力：耐冬不耐夏；不耐受暑、热、燥邪。

饮食调理：可常食猪蹄、菠菜、豆腐、芝麻、鸭肉、黑豆、银耳、桑葚、蜂蜜、甘蔗、鸭蛋、牛奶、香蕉、梨、番茄、绿豆、猪骨等滋阴之物。

温馨提示：食物性宜平偏凉、忌温热，以免热、燥之邪危害身体。

痰湿质体质

总体特征：痰湿凝聚，以形体肥胖、腹部肥满、口黏苔腻等痰湿表现为主要特征。

形体特征：体形肥胖，腹部肥满松软。

常见表现：面部皮肤油脂较多，多汗且黏，胸闷，痰多，口黏腻或甜，喜食肥甘甜黏。

饮食调理：多吃白萝卜、荸荠、紫菜、海蜇、洋葱、枇杷、白果、扁豆、薏米、赤小豆、蚕豆等。

温馨提示：饮食以清淡为原则，少食肥肉及甜、黏、油腻的食物。且勿过饱。

湿热质体质

总体特征：湿热内蕴，以面垢油光、口苦、苔黄腻等湿热表现为主要特征。

形体特征：形体中等或偏瘦。

常见表现：面垢油光，易生痤疮，口苦口干，身重困倦，大便黏滞不畅或燥结，小便短黄，男性易阴囊潮湿，女性易带下增多，舌质偏红，苔黄腻，脉滑数。

饮食调理：多吃薏米、莲子、茯苓、赤小豆、绿豆、冬瓜、丝瓜、苦瓜、黄瓜、西瓜、白菜、芹菜、圆白菜、莲藕、空心菜、苋菜等。

温馨提示：少食甘酸滋腻之品及火锅、烹炸、烧烤等辛温助热之物。戒烟戒酒。

血淤质体质

总体特征：血行不畅，以肤色晦黯、舌质紫黯等血淤表现为主要特征。

形体特征：胖瘦均见。

常见表现：肤色晦黯，色素沉着，容易出现淤斑，口唇黯淡，舌黯或有淤点，舌下络脉紫黯或增粗，脉涩。

饮食调理：多吃黑豆、黄豆、香菇、茄子、油菜、芒果、木瓜、海藻、海带、紫菜、萝卜、胡萝卜、金橘、橙子、柚子、山楂、醋、玫瑰花等活血疏肝之物。

温馨提示：酒可少量常饮，少吃肥猪肉等滋腻之品。

气郁质体质

总体特征：气机郁滞，以神情抑郁、忧虑脆弱等气郁表现为主要特征。

形体特征：形体瘦者为多。

常见表现：神情抑郁，情感脆弱，烦闷不乐，舌淡红，苔薄白，脉弦。

心理特征：性格内向不稳定、敏感多虑。

发病倾向：易患脏躁、梅核气、百合病及抑郁等。

对外界环境适应能力：对精神刺激适应能力较差；不适应阴雨天气。

饮食调理：多食佛手、橙子、柑皮、荞麦、韭菜、茴香、大蒜、刀豆等行气之品。

温馨提示：可少量饮酒以活动血脉、提高情绪。睡前避免饮茶、咖啡等提神醒脑之物。

特禀质体质

总体特征：先天失常，以生理缺陷、过敏反应等为主要特征。

形体特征：过敏体质者一般无特殊形体特征；先天禀赋异常者或有畸形，或有生理缺陷。

常见表现：过敏体质者常见哮喘、咽痒、鼻塞、喷嚏等。

心理特征：随禀质不同情况各异。

发病倾向：过敏体质者易患哮喘、荨麻疹、花粉症及药物过敏等。

对外界环境适应能力：适应能力差，如过敏体质者对易致过敏季节适应能力差。

饮食调理：饮食宜清淡、均衡，粗细搭配适当，荤素配伍合理。

温馨提示：少食荞麦、蚕豆、鲤鱼、虾、蟹、茄子等腥发之物，忌辛辣致敏之物。

不同人群的滋补

久坐久视者以健脾、养肝为主

“久坐伤肉”，多坐少动可导致下肢痿弱、四肢无力、饮食减少以及气血流动缓慢，进而致脏腑功能减退，抵抗疾病和适应环境能力降低。此类人群易出现消化不良、结肠炎、痔疮等病症。食疗以健脾益气为主，宜用平性食物，比如扁豆、豇豆、荠菜、山药、香菇、苹果、樱桃、薏米、鲫鱼、鲈鱼、鲢鱼等。

久视者，特别是辨别细微之物者，可以伤血，以致引起视力减退、头晕眼花、头痛耳鸣、便秘等，故应补血养肝，同时健脾。

同时还需控制脂肪的摄入，尤其是动物性脂肪。油腻厚味、辛辣的食物也不宜多食。

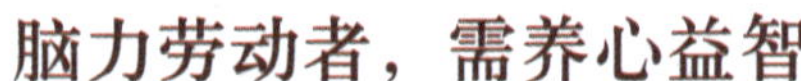

脑力劳动者，需养心益智

脑力劳动者常因思虑过度，长期处于高度紧张状态，可致肾精不足，心气不收，心脾两虚或心肾不交，出现少气懒言、倦怠乏力、失眠健忘、心悸怔忡、多梦遗精等不适。故脑力劳动者宜经常食用具有健脑作用的食物，比如，莲子、大枣、羊肉、驴肉、鸡肉、鹌鹑肉、黄鳝、猪肉、桑葚、芝麻等，以及补养精髓的食材如人参、党参、黄芪、茯苓、黄精、山药、灵芝、枸杞子等。

体力劳动者以补肾、壮骨为上

长时间超负荷劳动，会出现倦怠乏力、气短、出虚汗等，久劳可致脾、肝、肾虚证。故饮食应尽量选用营养素含量丰富的食物，同时补益五脏。

长时间高强度的体力劳动，容易导致肌肉、骨关节、肌腱劳伤，故应选用补肾壮腰、强筋壮骨的食物予以调养。比如，韭菜、核桃肉、淡菜、虾、猪蹄筋、猪腰、羊腰、火腿、牛肉、牛筋、鸽肉等。

同时，高强度体力劳动者还需要增强身体抗疲劳和耐受缺氧的能力。灵芝、人参、刺五加、黄芪、党参、红景天等都具有提高劳动能力、抗疲劳的作用；蜂蜜、米酒、苹果酒、植物油、莴笋叶、奶类、肉类、蛋类、肝类有抗疲劳、耐受缺氧的作用。

特殊环境劳动者各有不同

高温作业者饮食应选择具有清心热、解暑毒、生津或除湿功效的食物，食性大都偏凉，以增强食物养生的功效。汤、粥是高温作业者最宜补充营养素和水盐的主要形式，需注意勿暴饮暴食。

高气压环境作业者，饮食养生宜温热燥湿，尽量不进冷饮；低气压环境作业者宜食用温阳补肾、提高身体耐缺氧能力作用的食物。

接触铅作业者应用低钙高磷饮食；接触汞作业者，以驱汞解毒为主；接触苯作业者，应着重以补益气血、解毒健脾、养阴安神为原则。

汤粥滋补常见问题

“药补不如食补”这句话对吗

我们常常听到“药补不如食补”的说法，以致人们视药补为畏途，不敢食用补益药物。其实，“药补不如食补”要视具体情况来定。如果，当人体出现阴阳气血亏损而导致病变时，便需要用药物来滋补，这就是所谓的“药补”。而“药补不如食补”是指在可用食补也可用药补的情况下，提倡首选食补，以避免因服用药物而出现的某些不良反应。

为什么有药食同源的说法

我国传统医学主张“药食同源”，如《黄帝内经·太素》中写道：“空腹食之为食物，患者食之为药物。”随着人们饮食生活的不断丰富，在日常生活中适当应用药食两用之品，使汤粥不仅仅只是一种食物，还有着滋养人体的功用。

为什么喝粥最好在早晨

经常喝粥能调理身体，并且具有延年益寿的作用。我国从汉代开始就有关于粥的记载，明代李时珍在《本草纲目》中列有50多种粥。什么时间喝粥是最佳时间？李时珍说：“每日起，食粥一大碗。空腹胃虚。谷气便作，所补不细，又极柔腻，与肠胃相得，最为饮食之良。”

《红楼梦》里宝钗曾介绍过她的养生补品："每日早起，拿上等燕窝一两，冰糖五钱，用银吊子熬出粥来，若吃惯了，比药还强，最滋阴补气的。"

故，粥多在早晨进食，可生津利肠、濡润胃气、启脾健运、利于消化，以适应人体肠胃空虚的生理特点。

苏东坡还提倡晚上进食白粥，认为其能"推陈致新，利膈益胃，粥后一觉，尤妙不可言"。

为什么最好在饭前喝汤

俗话说："饭前喝汤，苗条健康；饭后喝汤，越喝越胖。"饭后喝汤，最后喝下的汤会把原来已经被消化液混合好的食物稀释，影响食物的正常消化，给胃肠道增加负担。

正常的喝汤方法是饭前先喝几口，润滑口腔、肠道，减少干硬食物对消化道黏膜的损害，促进消化腺分泌消化液，可帮助消化。

熬粥时间越长越好吗

熬粥时间适当延长，粥更软烂，在一定程度上会有利于消化吸收。但是，熬粥时间过长，熬成粥糜了，会容易引起血糖升高，对于糖尿病者而言就不适宜了。

所以，熬粥时间长短要区别对待。对于老人、儿童及消化系统比较差的人，熬粥时间可稍微长些。

为什么太烫的汤不能喝

人的口腔、食道、胃肠道能承受的最高温度为60℃，一旦超过了这个底线，会造成黏膜烫伤，尽管人体有自行修复的功能，但反复损伤也会使上消化道黏膜恶变。据调查显示，喜欢吃烫食的人，食道癌的发病率要高于常人。

因此，为了健康，将汤的养生作用发挥至最佳，最好饮用60℃以下的汤品。

为什么餐前喝汤也有讲究

"宁可食无肉，不可饭无汤"，在我们身边有很多这样的人，他们认为吃饭若是不喝汤，就称不上一顿饭，而且吃得不舒服。很多人以为，喝汤是一件很简单的事，殊不知，只有科学地喝汤，才能既吸收营养，又避免脂肪堆积。在这方面，我们有哪些需要注意的呢？

餐前的汤怎么喝有讲究。老火汤、煲汤其实不适合餐前喝，因为其油盐含量很高，多喝反而不利健康。最好选择口味清淡的蔬菜汤，不仅爽口，还不会增加过多的热量。经常感到胃胀、烧心、反酸的人通常消化不好、胃酸分泌较少，不宜餐前喝汤，因为这样容易冲淡胃液，更不利于食物的消化吸收。

需要特别提醒的是高血压、高血脂、肥胖症患者，在外就餐尽量别喝汤。餐馆做汤除了加入盐外，还要加入等量的鸡精、味精。鸡精的钠含量大概相当于普通盐的一半，而味精含钠量大概相当于盐的六分之一。所以，那些鲜美异常的汤钠含量非常高，对健康不利。

为什么煲汤中途忌加冷水

煲汤过程中，需要注意中途忌添加冷水，因为正在加热的肉类遇到冷气后会收缩，这样蛋白质不宜溶解，汤便失去了鲜味。

同时，还要注意：不要早放盐，不要过多投放葱、姜、料酒等调料，不要过多加酱油以免影响汤味，不要让汤汁大滚大沸以免破坏汤的营养成分。

为什么粥膳适宜老年人食用

我国古代医学书曾记载："……五十岁，肝气始衰；六十岁，心气始衰；七十岁，脾气衰；八十岁，肺气衰；九十岁，肾气衰；百岁，五脏皆衰。"可见，随着年龄的增长，人体的各个器官会逐渐出现老化，身体机能也会随之衰弱。尤其是到了老年阶段，胃肠消化功能减弱、新陈代谢减缓，抵抗病毒能力下降。如果能很好地运用容易消化的粥膳，可以在一定程度上帮助老年人增强体质、预防疾病。

再者，由于粥膳有清淡、易消化的特点，很适合儿童、老年人、体弱多病及脾胃虚弱者食用。

汤粥滋补需要注意哪五戒

一戒胡乱滋补。身体强壮之人不需要过度滋补。对于体虚者，也要注意辨证滋补，不可一味过度滋补，否则反而会引发疾病。一般情况下，中年人以健脾胃为主，老年人以补肾气为主。

二戒越贵越好。对于滋补品而言，适合自己的才是最好的，并非越贵越好。如果运用得当，白菜也是大补品，运用不当人参也可成为毒草。

三戒滋腻厚味。汤粥滋补应以易于消化为原则。对于身体虚弱、脾胃消化不良、经常腹泻腹胀者，首先要恢复脾胃的功能，只有脾胃消化功能良好，才能保障营养成分的吸收，否则再多的补品也是无用。

四戒偏补。汤粥滋补也要注意兼顾气血阴阳，不能一味偏补。中医认为，气与血、阴与阳虽然是相互对立的，但又是互根互生的。

五戒外感时补。如果患有感冒、发热、咳嗽等外感病症时，不要进补，以免留邪为寇，为日后的健康埋下隐患。

季节不同为什么滋补方法不同

春季大地生机勃勃，人体各组织器官功能活跃，需要大量营养物质供给人体活动及生长发育的需要。因此，选用扶助正气的食物最为适宜。

夏季天气炎热，人体出汗较多，消耗较大，睡眠又少，故宜选用养阴清补之品，如西洋参、绿豆、赤小豆、冬瓜、苦瓜、荷叶、薏米等夏令滋补佳品。

秋季气温逐渐凉爽，人体机能不断恢复正常，此时应选用“补而不腻”的平补之品，比如山药、莲子、黑木耳、百合、白扁豆、芡实、蜂蜜等。

冬季气温低下，人体食欲旺盛，此时滋补时间最佳，可选用补肾固阳之物，比如阿胶、鹿茸、人参、冬虫夏草、桂圆等。

为什么要将药补、食补、动补结合起来

俗话说：“药补不如食补，食补不如动补。”所谓“动补”，就是适当运动，适量的运动是不可缺少的。对于想健身长寿者来说，光靠补药不是好办法，还应注意饮食调养与适当的运动锻炼相结合。最好将药补、食补、动补结合起来，“三管齐下”，对健康才是有益的。

食物四补是指什么

食补是最方便的滋补方法，可适当地增强人体抵抗力。日常生活中的滋补可根据不同的体质，进行以下四种不同的滋补方法。

平补：指食用性平和、可帮助维持健康和生命的食物，如豆类、谷类、乳类、水果和蔬菜类。这类食物性能平和。一般情况下，阴虚、阳虚、气虚、血虚者均可食用。

温补：指食用性温热的食物，比如牛肉、羊肉、黄鳝、大枣、桂圆、荔枝以及葱、姜辛辣之物。冬季阳虚怕冷者可以经常食用，以温阳补虚，改善四肢不温、怕冷的症状。

清补：指食用性寒凉的食物，比如梨、莲藕、芹菜、百合、绿豆、黄瓜等，有清火之功。

温散：指食用性辛热的食物，比如辣椒、桂皮、芥末、香菜、姜、花椒等。在寒冷的冬季，常食可起到御寒和除湿的功效。

为什么腊月初八要食“腊八粥”

汉朝时，每年农历十二月必定要举行年终腊祭，因此将农历的十二月又叫“腊月”。在腊月初八日所煮的粥，就取名叫“腊八粥”。

据研究证明，腊八粥主要选用豆类和谷物类作原料，这些原料除含人体正常饮食需要的碳水化合物外，还含有B族维生素和人体必需的微量元素、蛋白质、脂肪及膳食纤维等营养成分。

冬令时节万物蛰伏，其味多样，清香甜美，营养丰富，不愧是一种很好的滋补佳品。

第二章

晨粥饭前汤，补益精气养全家

晨起食粥，推陈出新，利膈养胃，生津液，令人一日清爽，所补不小。

——明《医学入门》

中老年人补养

古人云："安身之本，必资于食……不知食宜者，不足以生存也。"合理的汤粥补养，可以强身健体，益寿延年。

忌肥甘厚味

中老年人不宜食用过于油腻、甜腻的精细食物：一是可造成消化不良及胃肠功能紊乱；二是这类食物脂肪和糖的含量都很高，容易造成中老年肥胖。肥胖者极易并发糖尿病、胆石症、胰腺炎等；肥胖高血脂易造成动脉粥样硬化，进而形成一系列的心脑血管病变。

忌过咸，宜清淡

如食过咸，摄入盐量过多，易造成高血压，进而影响心肾功能。

忌过冷过热

中老年人宜适温而食。过冷或过热饮食都会损伤消化道黏膜，特别是食道黏膜，久之可引起食道癌。过食生冷还会损伤脾胃。

忌暴饮暴食无度补养

中老年人因消化能力减退，胃肠适应能力较差，暴饮暴食不但会造成消化不良，而且还是诱发心肌梗塞的主要原因之一。

因此，老年人饮食要有规律，尽可能少食多餐，不饥饿，不过饱，食补要定时定量。

忌怒后食，勉强补养

古人有"食后不可便怒，怒后不可便食"之说，是说进食补养应保持心平气和，才能有利于脾胃的消化吸收。如没有食欲，就不要勉强补养。

有益于中老年人的健康食物有：茯苓、银耳、枸杞子、黑豆、大枣、猕猴桃、核桃、葡萄、莲子、黑木耳、山药、蜂蜜、蜂乳、鹿茸等，以上食物具有降低血糖、降低血脂、降低血压及保护心血管、增强免疫功能、调节内分泌和抗肿瘤等作用。

鸡蓉参粥　补元气、消除疲劳，帮助恢复体力

原料

人参 2 克，粳米 50 克，鸡肉丝、大枣、枸杞子各适量。

做法

1. 粳米先以少量水煮成粥。
2. 人参切成薄片，放入小碗内加少量水隔水炖熟。
3. 将鸡肉丝、大枣、枸杞子、人参片放入粥内续煮 20 分钟即可。

补养功效

人参是一种广泛运用的补气佳品，经常食用可大补元气、安定心神、增强免疫力、改善消化吸收功能。与鸡肉丝、大枣、枸杞子同煮粥可以帮助消除疲劳、恢复体力。

温馨提示

本品适宜体质虚弱的中老年者食用；不宜在夏季进食；阴虚火旺者不宜食用；内热炽盛，包括更年期综合征、糖尿病、高血压、肺结核、大便干燥，以及各种热证、实证、出血证不可食用。

燕麦莲藕大枣粥

健脾、开胃，预防脑血管疾病

原料

燕麦 30 克，莲藕 50 克，大枣 5 枚。

调料

冰糖适量。

做法

1. 燕麦洗净；莲藕洗净，切小块；大枣洗净。

2. 燕麦加适量水以大火烧沸，再加入莲藕、大枣，以小火煮熟。

3. 最后加冰糖，煮沸即可。

补养功效

本品具有健脾、开胃、益气之功。燕麦含有丰富的纤维素，可润肠通便，能解便秘之忧，帮助老年人预防肠燥便秘，并有预防脑血管疾病的功效。

排骨南瓜大枣汤

补中益气，保护心血管

原料

排骨、南瓜各 50 克，大枣 6 枚。

调料

生姜 3 片，料酒、盐各适量。

做法

1. 将南瓜削皮、切块；将排骨块洗净，汆水。

2. 砂锅内加入适量清水，水沸后，放入排骨、南瓜、大枣、生姜片，倒入料酒，用小火煲 1~2 小时。

3. 食用前加入适量盐调味。

补养功效

南瓜可保护心血管，还可降血压、降血糖、降血脂，同排骨、大枣煲汤，具有滋补润心、补阳益髓之功。

黑木耳冬瓜瘦肉汤　益气、轻身强智

原料

黑木耳 10 克，冬瓜、瘦肉各 50 克，香菇适量。

调料

生姜 2 片、盐少许。

做法

1. 黑木耳用水浸泡，洗净，切碎；冬瓜洗净，切块。
2. 香菇去蒂，洗净，切细；瘦肉洗净，切块，氽烫。
3. 锅内加水，烧开，放入冬瓜、黑木耳、瘦肉、香菇、姜片，烧滚后，调至小火炖 15 分钟，加盐调味即可。

补养功效

本品具有益气、轻身强智、补血活血之功，而且还能预防和改善动脉粥样硬化、冠心病，防癌抗癌。

肉苁蓉鸡丝粥　补气壮阳，适用于精力不足

原料

鸡肉、生山药各 50 克，肉苁蓉、茯苓各 10 克，粳米 100 克。

做法

1. 将肉苁蓉、茯苓分别洗净，同入砂锅内，水煎，取汁备用。
2. 将山药洗净，切块；粳米淘洗干净；鸡肉切丝。
3. 锅内加药汁，烧沸后加入粳米、山药、鸡肉，煮至粳米熟烂即可。

补养功效

本品具有补气壮阳、调气血、安脏腑之功。适用于中老年神经衰弱、精力不足、气血虚弱、头昏眼花、畏寒肢冷等症。

淮山枸杞煲乌鸡

延缓衰老，强身健体

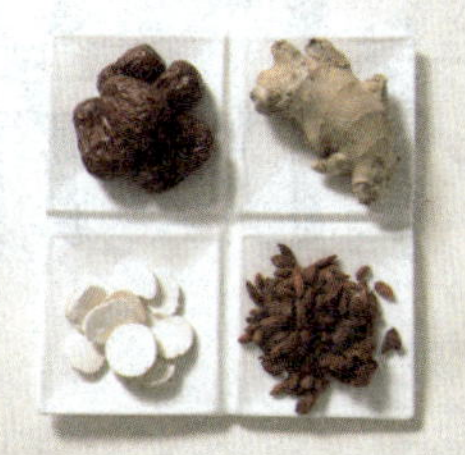
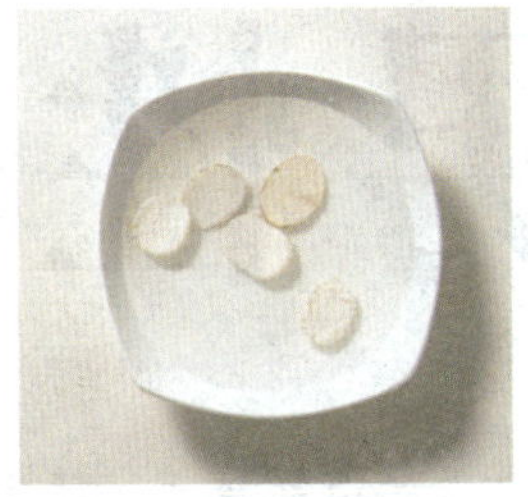

原料

乌鸡1只（约500克），淮山20克，枸杞子20克，大枣6枚。

调料

生姜3片，料酒、盐适量。

做法

1. 淮山泡水20分钟后洗净备用，枸杞子、大枣分别洗净备用。
2. 乌鸡清洗干净，切块，汆烫，去除血水。
3. 砂锅内加水，水沸后，将淮山、枸杞子、大枣、乌鸡同入锅内。
4. 加入姜片、料酒适量。
5. 中火炖1~2小时，起锅时加盐即可。

补养功效

乌鸡被人们称为“黑了心的宝贝”，是补虚劳、养身体的上好佳品。食用乌鸡不仅可以提高生理机能、延缓衰老、强筋健骨，还可以防治骨质疏松。

本品佐以淮山健脾益肾，枸杞子补益肝肾，并以生姜、大枣健脾和胃。合而为汤，共奏强身健体之功。

温馨提示

本品适宜大多数人食用，尤其适宜肝肾阴虚、脾胃虚弱者，对阴虚体质、气虚体质、女性缺铁性贫血的调养亦有良好的功效。

乌鸡汤虽是补益佳品，但多食能生痰助火，生热动风，故体肥及邪气亢盛，邪毒未清和患严重皮肤疾病者宜少食或忌食，患严重外感疾患时也不宜食用，同时还应忌辛辣油腻及烟酒等。

乌鸡多与银耳、黑木耳、茯苓、山药、大枣、冬虫夏草、莲子、芡实、枸杞子搭配食用。每次宜食150克。

男性补养

男性在脑力和体力上的消耗较大，适当补养至关重要。那么，男性补养除了需要注意降低脂肪、胆固醇和增加蛋白质外，还可以通过食用哪些食物滋养身体呢？

羊肉和虾，补虚劳、强身壮体

羊肉是冬季的进补佳品。《本草从新》中说，羊肉能“补虚劳，益气力，壮阳道，开胃健力”。将羊肉煮熟，吃肉喝汤，可用于男子五劳、七伤及胃虚、阳痿等，并有温中祛寒、温补气血等功效。

虾味甘、咸，性温，有壮阳益肾、补精、通乳之功。凡久病体虚、气短乏力、不思饮食者，都可将其作为滋补食品。人常食虾，有强身壮体效果。

泥鳅、海藻、鱼类帮助调节性功能

泥鳅味甘，性平，有养肾生精之功。泥鳅中含一种特殊蛋白质，有促进精子形成的作用；经常食用一些海藻类食物，如海带、紫菜、裙带菜等，可以避免因碘缺乏或不足而出现的男性性功能衰退、性欲降低；而鱼类有“夫妻性和谐素”之说，是因为其富含丰富的磷和锌等，对于男女性功能保健十分重要。

韭菜、狗肉补肝肾

《本草纲目》中说，韭菜补肝及命门，多用于小便频数、遗尿等。韭菜因温补肝肾，助阳固精作用突出，故有“起阳草”之名；狗肉味甘、咸，性温，具有益脾和胃、滋补壮阳作用。但应注意狗肉性温热，多食易上火。凡热疡及阳盛火旺者，不宜食用。

众所周知，鸡蛋是一种常见的高蛋白食物。事实上，鸡蛋还是一种增强人体性功能的最佳营养添加剂。据说，阿拉伯人在婚礼前几天的饮食以葱烧鸡蛋为主，以保证新婚之夜性爱的美满；我国民间也流传着新婚晚餐食用煎鸡蛋的习俗。

胡萝卜羊肉汤　壮阳补血，暖胃补虚

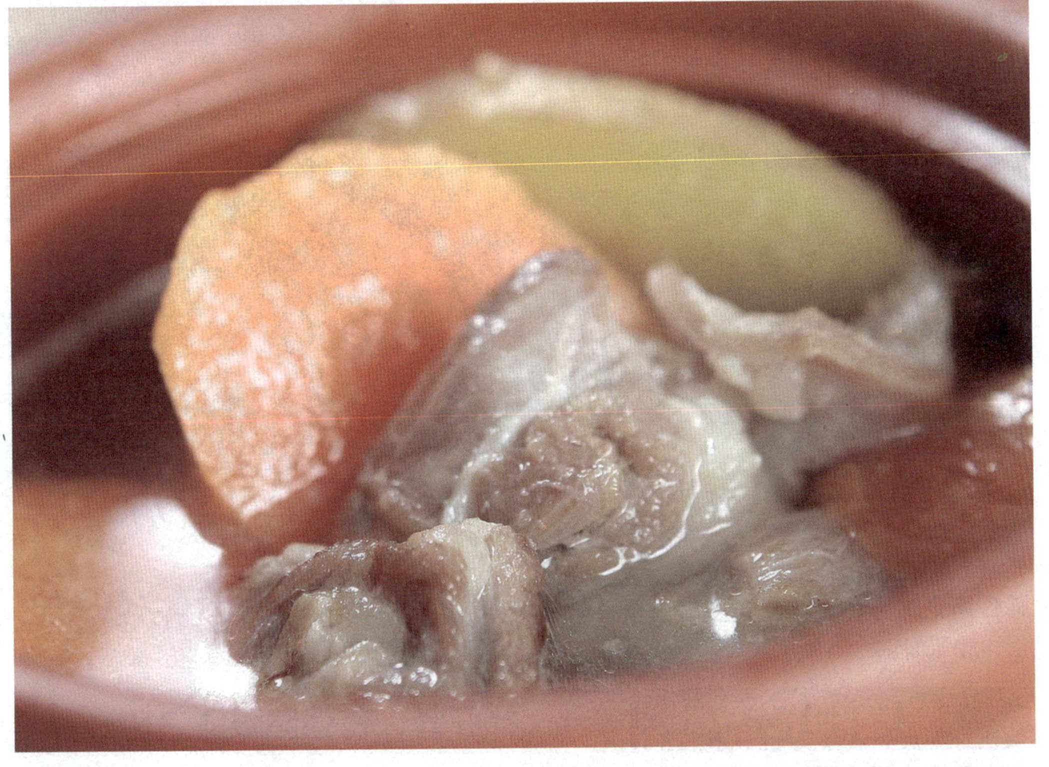

原料

羊肉 100 克，胡萝卜 50 克。

调料

生姜 3 片，陈皮 1~4 片，料酒 2 匙，色拉油、盐适量。

做法

1. 羊肉切片、汆水（姜水最佳）；胡萝卜切片；陈皮浸透。

2. 锅内下色拉油，待油热时，放入姜片、羊肉，翻炒 5 分钟，调入料酒，加少量水，焖 15 分钟。

3. 将其转移至砂锅内，放入胡萝卜、陈皮，加清水，大火烧开后改小火慢炖 1 小时左右，至肉酥烂加盐调味即可。

补养功效

适时地吃些羊肉，可以祛湿、避寒、暖心胃。与胡萝卜一起做汤有补中益气、壮阳补血、暖胃补虚、祛风除寒之功，并对改善男性阳痿、早泄及性功能减退有好处。

温馨提示

羊肉性温热，常吃容易上火。因此，吃羊肉时要搭配凉性和平性的蔬菜，能起到清凉、祛火的作用。凉性蔬菜有冬瓜、丝瓜、白菜、金针菇、莲藕等；平性的蔬菜有甘薯、土豆、香菇等。

虾仁韭菜粥

补肾壮阳，健中固精

原料

鲜虾、韭菜各 30 克，粳米 100 克。

调料

姜末 3 克，盐适量。

做法

1. 将虾仁洗净，切成碎末；把韭菜择洗干净，切成小段。

2. 将粳米淘洗干净，入锅，加水适量，置于大火上烧沸，加入虾末共煮。

3. 待粥将熟时，下姜末、韭菜、盐，再煮沸即可。

补养功效

韭菜为辛温补阳之品，含有一定量的锌元素，能温补肝肾，有“起阳草”之称。与虾仁同煮粥可补肾壮阳，多适用于肾阳亏虚、腰膝酸软、阳痿早泄者。

猪腰枸杞汤

补肝肾，有强健腰膝之功

原料

猪腰 100 克，淮山 15 克，枸杞子 8 克，大枣 4 枚，沙参 3 克。

调料

生姜 3 片，盐适量。

做法

1. 猪腰切块，氽水；淮山、沙参、枸杞子稍浸泡；大枣去核。

2. 往砂锅内注入清水，放进猪腰、淮山、大枣、沙参、生姜，大火煲 10 分钟，转小火煲 1 小时左右，再放入枸杞子，煲 10 分钟，最后加盐调味即可。

补养功效

枸杞子有补肝肾、明目润肺的功效，用其做猪腰枸杞汤可以开胃养肾、强健腰膝。

莲子芡实粥　缓解压力，预防失眠

原料

糯米 100 克，莲子、芡实各 50 克。

调料

冰糖适量。

做法

1. 糯米、芡实淘洗干净，将糯米用冷水浸泡 2~3 小时，捞出，沥干水分。

2. 莲子洗净，用冷水浸软，除去莲心。

3. 锅中加水，将莲子、芡实、糯米放入，先用大火烧沸，再改用小火熬煮成粥，最后下冰糖再煮沸片刻，即可。

补养功效

莲子补脾止泻，养心安神，而芡实则健脾补肾。所以，莲子芡实粥常用来舒缓压力，缓解因工作紧张而造成的失眠等不适。

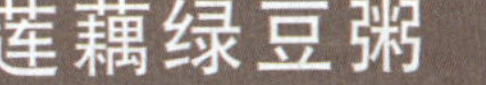

莲藕绿豆粥　舒肝、清肝，呵护心肝

原料

绿豆 30 克，粳米 100 克，莲藕 1 节。

做法

1. 莲藕洗净，切成细丝；绿豆用清水浸泡 2 小时。

2. 将绿豆与粳米一起放入锅中，加水，小火熬。

3. 待其煮至半熟时，加入藕丝，继续小火熬煮至熟烂即可。

补养功效

绿豆煮藕，能健脾开胃、舒肝胆气、清肝胆热、养心血；粳米有保肝、护胃的作用。酒后进食莲藕绿豆粥能够减少大量酒精对肝的损害。

女性补养

女人如花，以水滋养。在日常生活中，女性如能巧妙地使用食物滋养，多吃些美颜抗衰老的滋补食品，不仅可以美容养颜，还可以补血补钙，如花般靓丽迷人。

养气补血有三宝：大枣、桂圆和枸杞子

大枣是自古以来补气养血的最佳食物之一。其性温味甘，有健脾补血的功效，长期食用可使面部红润、驻颜美容。可以用其熬粥、做糕点、煮汤、泡茶等。一次吃 3~5 颗为宜，不要超过 10 颗，血糖高、便秘的女性要少吃。

桂圆是补血益心之佳果，长期食用能使女人气血充足、容光焕发；枸杞子也有很好的滋养气血功效，取 5~8 颗枸杞子用热水泡茶，能养肝、抗衰老、防皱。

豆浆、蘑菇、甘薯助你呵护乳房

豆浆中的大豆异黄酮能够调节雌激素水平，保护乳房，每天喝一杯豆浆会对乳房健康十分有益；蘑菇中含有人体必需的氨基酸、维生素 D 和硒，能增强人体免疫力，保护乳房健康；甘薯是超级抗癌食物，据研究发现，其含有的某种特殊成分对于预防乳腺癌尤其有效。

补钙健骨常食酸奶、芝麻、海带

酸奶是钙的好来源，不仅保留了鲜奶中的营养成分，还能刺激胃酸分泌，促进新陈代谢；黑芝麻的钙含量极高，每天早餐坚持吃把用小火炒熟的黑芝麻，能很好增加钙的吸收；海带不仅含钙量丰富，而且其所含的钙极易被人体吸收，平时可多吃些凉拌海带、海带排骨汤等。

女性通过食物滋养以驻美丽，同时在生活中也要注意保持心情愉悦，避免超负荷的工作、经常饮用浓茶、借烟酒消愁等，还要注意少生气，以免内分泌系统功能紊乱，内脏器官功能失调，未老先衰。

玉竹沙参乌鸡汤　延缓衰老，强筋健骨

原料

乌鸡 1 只，大枣 5 枚，玉竹、沙参、枸杞子各少许。

调料

料酒、生姜片、盐各适量。

做法

1. 乌鸡洗净，斩块；玉竹放入碗中清水浸泡，去杂；沙参用清水浸泡，去杂。

2. 锅中放入适量冷水，将乌鸡放入锅中汆水，大火煮开，撇去浮沫。

3. 砂锅内加水，水烧开后放入乌鸡块，同时放入玉竹、沙参、大枣、枸杞子，倒料酒、加生姜片。大火烧开后，转小火煲 1~2 小时，最后加盐调味即可。

补养功效

乌鸡性平、味甘，具有滋阴清热、补肝益肾、健脾止泻等作用。食用乌鸡汤，可提高生理机能、延缓衰老、强筋健骨，对防治骨质疏松、佝偻病、女性缺铁性贫血等有益。

温馨提示

本品适合一切体质者，尤其对体虚血亏、肝肾不足、脾胃不健者效果更佳。

每次食用以 150 克左右为佳。

猪蹄黄豆汤　滋养肌肤，延缓衰老

原料

猪蹄 3 个，黄豆 50 克。

调料

姜 5 片，葱段 5 克，蒜 5 瓣，大料 2 朵，盐、料酒、糖、酱油各适量。

做法

1. 将黄豆洗净，用水浸泡 1~2 小时；将猪蹄洗净，放在锅中，加水，大火烧开，撇掉血沫，再用温水将猪蹄冲洗干净。

2. 砂锅内盛水，烧开后放入猪蹄，加入姜、葱段、蒜、大料，水再次烧开后，加入料酒、盐、糖、酱油，调至小火，煲汤 1 小时。

3. 放入黄豆，继续煲汤 1 小时左右，至肉熟烂即可。

补养功效

胶原蛋白缺乏是引起衰老的重要因素之一，而猪蹄可补充胶原蛋白，以延缓衰老；合黄豆为汤能填肾精而健腰脚，滋胃液以养肌肤。

温馨提示

本品特别适宜于经常四肢乏力、两腿抽筋、麻木及缺血性脑病者食用；而有肝胆病、动脉硬化和高血压病者不宜食用；胃肠消化功能减弱的老人，一次不能过量食用。

桂圆大枣养颜汤 ‖ 润肤美容，养血安神

原料

桂圆 8 枚，大枣、莲子、银耳各 10 克。

调料

红糖适量。

做法

1. 银耳泡发，去除黄根，洗净，切成块状。
2. 莲子洗净，用水浸泡；将大枣洗净；桂圆去核，取肉。
3. 将桂圆肉、大枣、莲子、银耳放入砂锅中，加水，大火烧沸后，调成小火，煲汤 30 分钟左右。
4. 汤成时，调入红糖，搅匀即可饮用。

补养功效

桂圆性温味甘，益心脾补气血，不但能补脾固气，还能保血不耗。合其为汤有养血益脾、补心安神之功。特别是经期过后的女性，这道汤可以让你红润迷人。

温馨提示

凡有痰火至湿滞、停饮者忌食。

糖尿病人不宜食用本品，孕妇也要注意慎食。

大枣核桃小米粥　滋阴养血，和胃安眠

原料

大枣 10 枚，核桃 5 颗，小米 50 克。

做法

1. 将小米淘净；大枣洗净，去核；核桃取核桃仁。

2. 锅内盛水，水刚刚烧沸时，将小米放入锅内，加大枣、核桃仁。

3. 大火烧沸后，将火调至小火，煨粥 30 分钟左右即可。

补养功效

本品具有健胃除湿、和胃安眠、滋阴养血、活血、补气的功效。经常食之，对女性有很好的补益作用。在民间有产后熬些大枣核桃小米粥给产妇喝以调养其身体的习俗。

木瓜雪梨粥　养颜，丰胸，排毒

原料

木瓜 20 克，雪梨 1 个，粳米 100 克。

调料

蜂蜜适量。

做法

1. 粳米淘净；木瓜去籽，切块；雪梨去核，切块。

2. 锅内盛水，放入粳米，小火煨粥 20 分钟，加入雪梨、木瓜，继续用小火煨粥 10 分钟左右。

3. 粥放凉后，调入蜂蜜即可。

补养功效

木瓜素有“百益果王”之称，不仅口味香甜，还具有抗衰美容、丰胸养颜、平肝和胃、舒筋活络的功效，对女性而言无疑是最受欢迎的水果之一，合雪梨为粥其效更佳。

玫瑰花粥　美容养颜，补血

原料

玫瑰花 3~5 朵，粳米 100 克。

调料

红糖适量。

做法

1. 玫瑰花洗净；粳米淘净。

2. 锅内盛水，待水煮沸时，将粳米入锅，小火煨粥 20 分钟。

3. 粥快熟时加入玫瑰花，继续用小火煨粥片刻，食用时加些红糖即可。

补养功效

玫瑰花是美容养颜的佳品，玫瑰花粥加红糖，有补血、活血散寒的作用。

蜂蜜雪梨汤　健美容颜，益寿延年

原料

雪梨 1 个，蜂蜜 30 克。

调料

生姜 3 片。

做法

1. 雪梨去核，去心，洗净切块。

2. 锅内盛水，将梨、生姜放入锅内，小火煲汤 30 分钟左右。

3. 汤放凉后，加入蜂蜜。

补养功效

蜂蜜能促进皮肤新陈代谢，防止皮肤干燥，使肌肤柔软、洁白、细腻，并可减少皱纹和防治粉刺，起到理想的养颜美容作用。合雪梨为汤，具有生津润燥、润肌白肤之功效。

儿童补养

让孩子吃得好，但更要吃得对、吃得科学。儿童膳食要讲科学，他们的健康是靠均衡、科学的营养搭配吃出来的，故不宜给孩子长期过度补养。

不同时期不同补养

儿童阶段，一般是指从出生到12岁这段时期，可分为：新生儿期、婴儿期、幼儿期、学龄前儿童期、学龄期。需根据不同的时期，进行不同的补养。

新生儿期（自胎儿娩出脐带结扎时开始至28天之前）：此时注意母乳的合理喂养就好。

婴儿期（从出生28天后到满1周岁）：身体发育迅速，但抗病能力比较差，需在饮食方面多加注意，正常情况无须额外补养。

幼儿期（从1周岁到满3周岁）：需在饮食、保暖方面做好充足的护理，一般情况下不需要额外的补养。

学龄前儿童期（3周岁至6岁入小学之前）：随着身体发育，这个时期儿童的抗病能力逐渐增强，需要注意饮食的丰富，合理膳食。

学龄期（6~12岁）：体重增长加快，此时可进行适度补养，以健脑益智为主。

喝奶、晒太阳补足钙

奶是给儿童补钙最好的食物。人体最易从母乳中吸收钙，其次是配方奶，然后是鲜奶。另外，多到户外晒太阳可以促进体内维生素D的合成，有助人体对钙的吸收。

儿童补铁有良方

深海鱼类、肉、蛋中所含的铁很容易被吸收利用，是儿童补铁的最佳食物选择。维生素C有助于铁的吸收，因此可以将富含维生素C的蔬菜、水果与鱼、肉、蛋类搭配给儿童补养。

对儿童来说，大量盲目补养会对其产生不良影响，容易长成“小胖墩”，引起儿童性早熟、免疫紊乱、脂肪肝等，更有甚者，会带来心血管病、高血压、2型糖尿病以及内分泌紊乱、骨质病变等危害。

虾仁鹌鹑蛋汤　补气益血，强筋壮骨

原料

鹌鹑蛋2~4个，虾仁100克。

调料

料酒1大匙，盐、葱末、姜末、淀粉、色拉油、香油各适量。

做法

1. 将虾仁用料酒、盐、淀粉拌匀。
2. 鹌鹑蛋打入碗内，加盐搅匀。
3. 锅内放入色拉油，待油热后放入蛋液煸炒，然后加水，大火烧沸，之后放入虾仁，加料酒、葱末、姜末、盐，用小火烧汤15分钟。
4. 最后淋上香油即可。

补养功效

鹌鹑蛋被美誉为“动物人参”“卵中佳品”，其营养丰富，与虾仁同做汤可补气益血、强筋壮骨，是各种虚弱病者及老人、儿童及孕妇的理想滋补食品，尤其对儿童的成长发育有益。

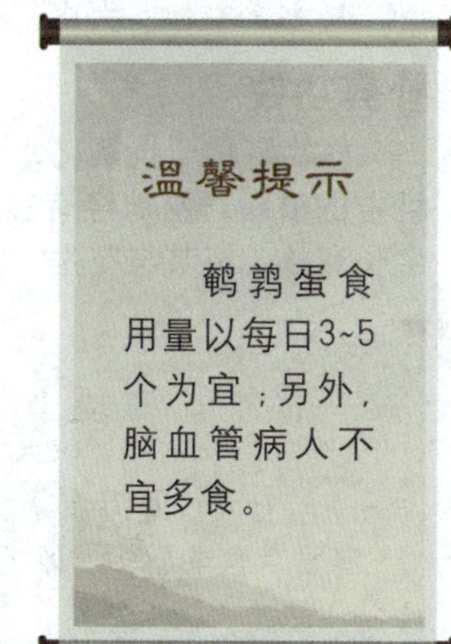

温馨提示

鹌鹑蛋食用量以每日3~5个为宜；另外，脑血管病人不宜多食。

益智核桃粥 健脑、补脑，保护脑神经

原料

核桃2颗，大枣7枚，花生、黄豆、黑豆各15克，粳米100克。

做法

1. 核桃去壳，去核；将大枣、花生洗净。
2. 将黄豆、黑豆洗净后，用温水浸泡。
3. 粳米淘净，锅内盛水，大火烧开后将粳米入锅。
4. 放入核桃、大枣、花生、黄豆和黑豆，调至小火，煨粥30~40分钟即可。

补养功效

核桃堪称“抗氧化之王”。核桃仁中含有锌、锰、铬等人体不可缺少的微量元素；核桃中的磷脂对脑神经有良好保健作用；核桃含有较多的优质蛋白质和脂肪酸，对脑细胞生长有益。将其与花生、大枣同做粥，有很好的健脑、补脑功效。

温馨提示

上火、腹泻者不宜多吃核桃；核桃性温味甘，含油脂多，吃多了会上火或者恶心。

鸡蛋香菇粥

健脑益智，改善记忆力

原料

香菇5朵，鸡蛋1个，粳米100克。

调料

盐适量。

做法

1. 香菇洗净，去蒂，切片；粳米淘净。

2. 砂锅内加水，烧开后加入洗好的米，锅再次烧开，用勺搅拌，搅得越勤，粥越稠。

3. 小火煨粥30分钟后，粥稠了，加入香菇，再用小火煮片刻。

4. 最后把鸡蛋打入成蛋花，加盐调味。

补养功效

鸡蛋中含有丰富的DHA和卵磷脂，含有自然界中最优良的蛋白质。同香菇为粥，对儿童神经系统和身体发育有很大的作用，能健脑益智，并可改善记忆力。

温馨提示

冠心病的人吃鸡蛋不宜过多；对已有高胆固醇血症者，尤其是重度患者，应尽量少吃或不吃，或可采取吃蛋白而不吃蛋黄的方式，因为蛋黄中胆固醇含量比蛋白高3倍。

第三章

久病虚乏者，食汤粥最宜

古方用药物诸谷作粥，治病亦甚多。

——李时珍

吃饭多喝汤，免得开药方。

——民间

失眠、神经衰弱

失眠表现为入睡困难，睡后易醒和晨醒过早，常伴有睡眠不深与多梦，甚至通宵不寐。会引起疲劳、反应迟缓、头痛、注意力不能集中，甚至导致精神分裂、抑郁症、焦虑症等。

神经衰弱以易于兴奋又易于疲劳为特点，常伴有紧张、烦恼、易激怒等情绪症状及肌肉紧张性疼痛、睡眠障碍等生理功能紊乱症状。

以清淡易消化的食物为主

为帮助缓解失眠、神经衰弱，在平时的饮食中应以清淡而易消化的食物为主，如各种谷类、豆类、奶类、蛋类、鱼类、菠菜、芹菜、冬瓜、苹果、橘子等。

多食有补心安神之效的食物

平时可以适当地吃些具有补心安神作用的食物，对缓解失眠、神经衰弱有很好的效果。比如，百合、莲子、桂圆、大枣、小米、核桃等。

有助于睡眠的食物还有：猪蹄、牛奶、蜂蜜、葵花籽、桑葚、荔枝、玉米、豌豆、虾以及动物肝肾等。

睡前不宜多饮水

需要注意晚饭不宜吃得过饱，尤其要注意睡前不要进食，更不宜饮用大量水，避免因胃的刺激而兴奋大脑皮层，或者因为夜尿多而导致失眠。

忌食刺激性食物

失眠、神经衰弱者要忌食胡椒、辣椒等辛辣刺激性食品，睡前忌饮浓茶、咖啡，少食油腻性食物。

睡眠对人体的健康非常重要，而情志的调节有助于保证睡眠的质量，尤其是在晚上睡觉前必须保持心情平静，尽量少做些可以引起兴奋的事情，不看紧张激烈的电视、书籍等。

经常在睡前听一些优美舒缓的音乐可以帮助大脑松弛、促使入睡。

党参枣圆羊肉汤　补益心脾，养血安神

原料

党参 15 克，桂圆 30 克，大枣 8 枚，羊肉 200 克。

调料

生姜 3 片，盐、色拉油各适量。

做法

1. 大枣浸软去核；桂圆去壳取肉；党参浸透切段。
2. 羊肉切块，汆水。
3. 锅内放入色拉油烧热后，放入羊肉、姜片煸炒至出香味。
4. 往砂锅内注入适量清水，放入大枣、桂圆肉、党参、羊肉，大火煮沸后，转小火煲汤 1~2 小时，食用前加盐调味即可。

补养功效

桂圆补益心脾、养血安神；大枣益气补血、和胃健脾；党参补虚益气、润肺生津；羊肉益气血、补虚损、温元阳。本品对心脾两虚所致的神经衰弱、失眠、健忘、记忆力衰退有裨益。

温馨提示

大枣、桂圆性偏热，体凡内有痰火及湿滞者应忌食或少食；糖尿病人不宜食用；孕妇也要慎食。

桂圆大枣粳米粥 养心脾，安神健脑

原料

桂圆 15 颗，大枣 7 枚，粳米 50 克。

做法

1. 将桂圆去壳取肉；大枣洗净。

2. 粳米淘洗干净。

3. 锅内加水，大火烧开后，放入粳米、桂圆肉、大枣，至粥熟烂即可。

补养功效

本品可养心脾、补气血、安神健脑。适用于心血不足引起的心悸、失眠、健忘、贫血、脾虚泄泻、水肿以及神经衰弱等。

百合莲子沙参瘦肉汤 养阴，安神

原料

莲子、北沙参、百合、猪瘦肉各 50 克。

调料

盐适量。

做法

1. 将北沙参润透切段；莲子浸软去心；百合温水浸泡；猪瘦肉切块氽水。

2. 往砂锅内注入适量清水，放入莲子、北沙参、百合、猪瘦肉，小火炖 50~90 分钟，最后加入盐调味即可。

补养功效

本品可养阴清肺、养心安神。适合头晕乏力、夜寐不安、多梦者食用。

芡实南瓜小米粥 养心神，助睡眠，抗衰老

原料

小米 30 克，南瓜 50 克，芡实 5 克。

做法

1. 将小米、芡实淘洗干净。

2. 南瓜去皮、去瓤籽，切小块。

3. 锅内加水，大火烧开后放入南瓜、小米、芡实，转小火煨 30 分钟至粥稠即可。

补养功效

本品有暖胃消食、安神助眠的作用。芡实又名鸡头米，可补脾止泻、益肾固精、祛湿止带，具有防衰老的效力；小米具有健脾、和胃、安眠之功效；南瓜可以保护胃，防治糖尿病。

冰糖煲莲子 养心安神，和胃润肺

原料

莲子、冰糖各 50 克。

做法

1. 莲子洗净，将其浸软后去心。

2. 往砂锅内注入适量清水，放入莲子、冰糖，大火烧沸后，转小火煲汤 1 小时左右，煮至莲子熟烂即可。

补养功效

本品具有养心安神、健脾止泻、和胃润肺的功效。古人认为吃莲子能返老还童、长生不老，这一点固不可信，但其养心安神、健脑益智的功效，历代典籍多有记载。适合体质虚弱、心气不足、心慌不安、失眠多梦者食用。

脱发、白发

中医认为，毛发与血、肾的关系尤为密切，“发为血之余”，“肾主骨，其华在发”，说明肾精充沛，气血旺盛，则毛发生长浓密润泽；反之精枯血衰，则头发早白易脱。所以不管白发或脱发，都与血虚、肾虚有关。

多选补血补肾之物

补血补肾作用的食物多含有丰富的蛋白质、维生素、矿物质，尤其是铁。据研究发现，这些成分与头发的生长有密切关系，所以平时应适当多摄入。比如菠菜、牛奶、核桃、黑木耳、海带等补血养肾之品。

多吃五谷杂粮和肉类

五谷杂粮富含糖类、蛋白质、各种维生素和某些微量元素（如铜），肉食中含有丰富的肉蛋白，这些都是保持一头乌黑油亮的头发所必需的营养成分。

另外，深色的食物对头发色泽的保养有益。比如，紫米、黑豆、赤小豆、青豆、黑芝麻、核桃、乌鸡、牛羊肉、猪肝、深色肉质的鱼类、海参、胡萝卜、紫甘蓝、香菇等。

饮食应富于营养

头发早白者饮食应富于营养，平时需多摄取各类维生素、矿物质，尤其要多吃含铁丰富的食品。比如，各种豆类、蛋类、乳类、蔬菜、水果，含有丰富的维生素和矿物质。

饮食应多样化

对脱发者，饮食应多样化，需注意多食含有植物蛋白、维生素E、黏蛋白、骨胶质及碘、钙、铁等矿物质的食品。比如，豆类、豆制品类、新鲜蔬菜、水果、芝麻、紫菜等。

对于因营养不良而出现的白发或脱发，平日除了注意饮食之外，还可以经常按摩头皮以刺激头发生长，增加局部的血液循环，从而减少脱发白发。

黑豆煲排骨汤　补肾养血，滋养乌发

原料

黑豆 50 克，排骨 200 克。

调料

生姜 3 片，料酒、盐适量。

做法

1. 黑豆浸泡 3~5 小时，最好提前用清水泡一夜。
2. 排骨洗净切块，汆水，撇净浮沫。
3. 砂锅内放入排骨，大火烧开后倒入料酒，放入生姜片，转小火煲汤 1 小时。
4. 加入黑豆，继续用小火煲汤 1 小时。
5. 煲至排骨烂熟后加盐调味即可。

补养功效

黑豆性平味甘，有活血清热、补虚乌发的功效；排骨可滋阴壮阳、益精补血。因此，常喝这道黑豆排骨汤，可以补肾养血，不仅适宜各种白发、脱发者的调理，对一般人的头发也有一定的滋养效果。

温馨提示

腹部容易有胀满感的人就不宜多食。另外，需要注意黑豆的用量，不能过量食用，否则同样会引起腹胀。如《本草汇言》里，就有“多食令人腹胀”之言。

首乌大枣粥　补血乌发，抗衰老

原料

制何首乌25克，大枣5枚，粳米50克。

调料

红糖适量。

做法

1. 将制首乌放入砂锅内，加水煎取2次浓汁共约300毫升，去渣。

2. 将粳米、大枣淘洗干净。

3. 锅内加水，放入粳米、大枣，煨粥15分钟后，放入制首乌汁，继续用小火煨粥10分钟，待粥将成时，放入红糖稍煮2分钟，搅拌均匀即可。

补养功效

本品可养肝益肾、补血乌发、抗衰老。适宜须发早白、未老先衰、便秘、高血脂以及动脉硬化等。

女贞子枸杞羊肉汤　滋阴养血，补益肝肾

原料

女贞子15克，枸杞子、大枣各5枚，羊肉100克。

调料

盐适量。

做法

1. 将大枣浸软去核；羊肉汆水、切块。

2. 往砂锅内注入适量清水，放入大枣、女贞子、枸杞子、羊肉，大火烧沸后，转小火煲汤2小时，食用前加盐调味即可。

补养功效

本品具有滋阴养血、补益肝肾的功效，适合因肝肾亏虚引起的须发早白。

三黑乌发羹 滋补肝肾，延缓衰老

原料

黑豆、黑芝麻各 25 克，何首乌粉 10 克。

做法

1. 将黑豆、黑芝麻用水浸泡，浸泡 3~5 小时后，连水放入搅拌机中，搅拌均匀备用。

2. 将何首乌粉用凉水调开，与黑豆、黑芝麻汁一起用小火煮开 5 分钟即可。

补养功效

本品具有滋补肝肾、益气补血、暖胃健脾的功效，特别适宜因肾虚、肝肾功能不足所致的须发早白、脱发者食用。

桑葚枸杞粥 补益肝肾，乌发

原料

桑葚、枸杞子各 15 克，粳米 50 克。

做法

1. 将粳米淘洗干净，桑葚、枸杞子拣净，去杂。

2. 往砂锅内注入清水，放入全部材料，大火烧沸后，转小火煨粥 30 分钟，煮至粥烂熟即可。

补养功效

桑葚、枸杞子皆为养肝肾之佳品。本品可补益肝肾，适合肾虚腰酸、乏力、发白、发脱者食用。

便秘、痔疮

凡大便干燥坚硬、排出不畅，甚或数日一行，称为便秘。便秘可通过饮食调养来缓解。

晨起1杯水，清洁肠道

平时应多喝水，有助于大便的软化。特别是晨起喝一杯淡盐水，对保持肠道清洁通畅、软化粪便大有益处。

多摄取含纤维素的食品

据研究，饮食中的纤维素是肠道蠕动的有效刺激物，又可保留水分，防止粪便过分干燥。所以，在平日的饮食中应多摄取一些含纤维素的食品，比如各种新鲜蔬菜、水果、笋类、谷类、麦片等。

适当食用能润肠通便的食物

在平日的饮食中，可以适当地食用一些具有润肠通便功效的食物。比如蜂蜜、芝麻、核桃、奶油、牛奶等。

多食含B族维生素的食物

可以适当地食用一些含有B族维生素的食物，比如豆类、粗粮、甘薯、土豆等，以促进肠道的蠕动。

忌食刺激性食物

便秘、痔疮者需忌烈酒、浓茶、咖啡、韭、蒜、辣椒等刺激性食物，少食荤腥厚味的食物。

便秘非常多见，尤以老年人、肥胖者为多。便秘、痔疮者除少数因有肠道或其他器质性病变引起外，多数是习惯性的。在多种因素中，饮食因素是相当重要的一项。另外需要注意的是，一旦有便意之后，需及时排便。长期便秘仅靠饮食调养是不够的，需加强运动，必要时还需借助医药调整肠胃功能。

菠菜粥　润肠燥，适用于老年性便秘

原料

菠菜、粳米各 50 克。

调料

盐、味精各适量。

做法

1. 将菠菜洗净，在沸水中烫一下，切段。
2. 粳米淘净，置锅内，加水适量，熬至粳米熟时，将菠菜放入粥中，继续熬煮直至成粥，停火。
3. 最后放入盐、味精即可。

补养功效

《本草纲目》提到，菠菜粥能“和中润燥”，本品适用于中老年人慢性便秘、大便干燥、痔疮便血、缺铁性贫血，对皮肤粗糙也有较好的疗效。

温馨提示

本品适合高血压、糖尿病者以及青少年、孕妇、老年人食用。

因菠菜性冷滑，胃肠虚寒腹冷，大便稀薄者应少食；患有泌尿系统结石及肾炎者应不食。

蜂蜜香油饮　补虚润肠，适宜习惯性便秘

原料

蜂蜜 50 克，香油 25 克。

做法

1. 将香油倒入蜂蜜中拌匀。

2. 边搅拌边加温开水，将其稀释成均匀的液体。

补养功效

本品具有补虚润肠的功效，其中蜂蜜有润肺止咳、润燥通便之功，多用于解便秘之苦。适用于精亏便秘、热结便秘、肠燥便秘、大便干结、习惯性便秘。

白菜粳米粥　清理肠胃，预防痔疮

原料

粳米 100 克，白菜 150 克。

调料

姜丝 3 克，盐 2 克，猪油 5 克（色拉油亦可）。

做法

1. 将大白菜择洗干净，切成粗丝；粳米淘洗干净。

2. 锅内倒入猪油烧热，下白菜、姜丝煸炒，起锅盛入碗内。

3. 砂锅内加水，放入粳米，用大火烧沸，改用小火熬煮至粥将成时，加入炒白菜，调入盐拌匀，将粥再略煮片刻即可。

补养功效

此粥有清热养胃、通利二便的功效，还能预防痔疮和便秘，便秘患者宜常食用。

菠菜猪血汤　养血补血，通利肠胃

原料

猪血、菠菜各 100 克。

调料

盐适量。

做法

1. 菠菜洗净，留菜梗去须根，切段，焯水；猪血切块。

2. 把菠菜梗放入沸水锅内稍煮，再放入猪血，小火煲沸后，放入菠菜叶煲沸，加盐调味即可。

补养功效

本汤有养血补血、通利肠胃的功效。适合便秘、便血者食用。

牛奶鸡蛋蜂蜜饮　润肠燥，适用于习惯性便秘

原料

牛奶 250 克，鸡蛋 1 个，蜂蜜适量。

做法

1. 将鸡蛋打入碗中，并打匀。

2. 将打匀的鸡蛋倒入牛奶中，煮沸待温。

3. 调入蜂蜜搅匀即可。

补养功效

本品具有润肠燥之功，其中，蜂蜜可润燥通便，此饮适用于习惯性便秘。

自汗、盗汗

凡不因外界环境因素的影响，白天时时汗出，动则加剧者称为自汗；夜间入睡时汗出，醒来自止，则称盗汗。

自汗者，可多食补气固摄的食物

自汗者，可多食补气固摄的食物。比如白扁豆、栗子、大枣、鸡肉、猪腰、猪肚、豆腐皮等。

盗汗者，可选择滋阴清热的食品

盗汗者，可选择滋阴清热的食品。比如番茄、茼蒿、银耳、百合、莲子、黑豆、小麦、鸭子、甲鱼等。

补充足够的水分以及营养成分

大量出汗后要维持人体内环境的水平衡，需及时补充足够的水分、维生素、蛋白质、矿物质等。由于所有的营养素不可能由同一种食物来提供，因此，膳食要多样，不可养成偏食的习惯。

忌食辛辣刺激性食物

自汗盗汗者，忌食辛辣刺激性食物，戒烟酒，少吃浓茶、咖啡；盗汗者忌吃辛温助热的食物，如胡椒、肉桂、狗肉、羊肉、雀肉等。

长期自汗、盗汗会使“气随汗脱”，导致耗气伤津，出现乏力口干、头晕目眩、心慌不寐等气阴两虚症状，故及时止汗很重要。要想从根本上解决自汗、盗汗，需了解原发病因，从而做到“标本兼顾”。

此外，加强锻炼，增强体质，提高身体免疫力，也有助于预防汗证的发生。

黄芪大枣粥　补中益气，适用于体虚自汗

原料

黄芪15克，大枣3枚，粳米50克。

做法

1. 将黄芪煎取浓汁，备用。

2. 粳米淘洗干净，锅内加水大火烧沸后，放入粳米、大枣。

3. 待粥即将稠时，加入黄芪汁，搅拌均匀即可。

补养功效

本品具有补中益气的功效，适用于体虚自汗，平素容易感冒者。其中，黄芪素以“补气诸药之最”著称，可补气升阳。

百合莲子小麦粥　养心宁神，适宜心烦盗汗

原料

百合、莲子各10克，淮小麦30克，粳米50克。

做法

1. 淮小麦用水煎取浓汁。

2. 将粳米淘洗干净；百合、莲子拣净。

3. 锅内加水，大火烧沸后放入粳米、百合、莲子，倒入淮小麦汁，再沸后转小火，煮粥，至粥稠米烂时即可。

补养功效

本粥有养心宁神之功，适宜心烦盗汗、夜间时常惊醒者。

感冒

感冒俗称伤风，是最常见的外感疾病。多表现为鼻塞、流涕、喷嚏、头痛、恶风寒或发热等。在饮食上需注意以下原则：

饮食以清淡、细软为主

感冒期间，饮食宜清淡、细软、少油腻。因感冒时会出现腹胀、腹泻、便秘等胃肠功能失调的症状，故应进食易于消化吸收又可减轻肠胃负担，还能增进食欲、满足营养需要的食物。如白米粥、牛奶、玉米面粥、米汤、汤面等；高热、食欲不好者，适宜流食、半流食，如米汤、豆腐脑等；流感高热、口渴咽干者，可进食清凉多汁的食物，如莲藕、百合等。

饮食应有节制

饮食不节不仅对感冒不利，还会使感冒迁延难治。如风寒感冒不应食用生冷瓜果及冷饮；风热感冒发热期不宜食用油腻荤腥及甘甜食品；风热感冒恢复期，也不宜食用辣椒、狗肉、羊肉等辛热的食物；暑湿感冒，除忌肥腻外，应忌过咸食物如咸菜、咸带鱼等。如退烧后食欲较好，可改为半流质饮食，如面片汤、清鸡汤、龙须面、小馄饨、菜泥粥等。

宜多饮水

平时要多饮开水，因为感冒者多伴有发热、出汗，因而体内丧失水分较多。大量饮水则可以增进血液循环，加速体内代谢废物的排泄。

多食蔬菜

此外，在饮食过程中还应多食蔬菜、水果等富含维生素C、维生素E的食物，这样可补充由于发热所造成的营养素损失，增强抗病能力。

感冒多因外感风邪所致，主要有风寒感冒、风热感冒、风湿感冒、暑湿感冒。食疗应以帮助疏风解表为原则。风寒感冒宜以辛温散寒的食物为主；风热感冒宜以辛凉清热的食物为主；暑季感冒宜食清热除湿的食物；梅雨季节宜食化湿通气的食物。

生姜红糖饮　解表散寒，适宜风寒感冒

原料

生姜、红糖各15克，葱白10克。

做法

1. 将生姜切片；葱白切段。

2. 锅内加水，放入生姜、葱白，煮沸，加红糖，稍煮，搅拌均匀即可。

补养功效

生姜中有“姜辣素”，人吃过生姜之后能使血管扩张，血液循环加快，促使身上的毛孔张开，这样不但能把多余的热带走，同时还把体内的病菌、寒气一同带出。本品具有解表散寒的功效，适宜风寒感冒，呕恶腹痛。

薏米赤小豆粥　解毒，祛湿，用于感冒夹湿

原料

薏米、粳米各50克，赤小豆30克。

做法

1. 将薏米、赤小豆拣净；粳米淘洗干净。

2. 锅内加水，大火煮沸后，放入薏米、赤小豆，小火煨粥10分钟左右。

3. 之后放入粳米，继续用小火煨粥20分钟，待粥烂熟后即可。

补养功效

本粥有解毒、利湿之功，适用于感冒夹湿、胸闷纳呆、发热、头胀肢重。其中，薏米有利水消肿、健脾祛湿之功，赤小豆可消热解毒。

慢性支气管炎

支气管炎多表现为咳嗽、气喘。急性发作多因外邪所致，慢性发作表现在肺，而实质却由脾、肾两脏亏虚所致。在饮食方面需注意：

调养以补充蛋白质、维生素为主

由于慢性支气管炎病程较长，反复发作，蛋白质消耗增多。蛋白质不足会影响受损的支气管黏膜的修复、体内抗体和免疫细胞的形成以及人体的新陈代谢活动。而维生素A和维生素C能增加支气管黏膜上皮细胞的防御功能，维持正常的支气管黏液分泌和汗毛活动，减轻呼吸道的感染症状，促进支气管黏膜的修复。

另外，大量饮水则有利于痰液稀释，保持气管通畅。

饮食以清淡、低钠为主

需保证饮食的清淡与低钠，此类食物可以起到止咳、平喘、化痰的功效。比如，梨、柑橘、百合、核桃、蜂蜜、菠萝、鲜藕、大白菜等。

另外，需要适当地进食葱和蒜，因为葱和蒜能减少人体释放炎症介质，对过敏体质的人较好。

根据寒热选择不同的食物

要依据病情的寒热来选择不同的食物，比如属热者用白菜、茼蒿、萝卜、竹笋、柿子、梨等；属寒者用生姜、芥末等；体虚者可用枇杷、百合、核桃仁、蜂蜜、猪肺等。

同时，需要忌生冷及咸食、忌食腥发、肥腻、辛辣刺激性食物。

慢性支气管炎在急性发作阶段，虽有体虚表现，应忌食补品，尤其是滋腻的食物，否则会使咳痰不畅。进入缓解期虽宜补养，也只能清补，并根据不同情况，予以养肺、健脾、益肾等不同功效的食物以辅助治疗。

杏仁牛奶粥　清热泻肺，止咳化痰

原料

甜杏仁（去皮尖）10 克，牛奶 250 毫升，粳米 100 克。

做法

1. 将甜杏仁浸泡后研细；粳米淘洗干净。
2. 将研细后的杏仁放入牛奶中搅匀，之后滤渣，取汁。
3. 锅内加水，大火烧沸后，放入粳米，小火煨粥 30 分钟左右。
4. 待粥熟时，调入杏仁牛奶汁，搅拌均匀，稍煮即可。

补养功效

本品具有清热泻肺、止咳化痰、平喘的功效。适用于咳嗽、哮喘、喉中痰鸣、慢性支气管炎。其中，甜杏仁能滋润肺燥、止咳平喘、润肠通便。

如体内有寒气，可适量加入生姜丝，以达温中散寒之效。

温馨提示

本品亦适合高血压、心脏病、动脉硬化者食用。

阴虚咳嗽、风寒感冒咳嗽和腹泻便溏者，不宜多食；孕妇及幼儿不适合吃杏仁。

川贝母梨汤饮　化痰止咳，润肺养阴

原料

川贝母6克，梨1个。

调料

冰糖10克。

做法

1. 梨头部切去，挖去核，放冰糖、川贝母，再盖上头部。
2. 将其放入碗内蒸熟，食梨，饮汁。

补养功效

本品具有化痰止咳、润肺养阴的功效。适宜风热咳嗽、咽干喉痒气促或燥咳、咽干无痰等症。

苹果海带瘦肉汤　润肺化痰，清热解渴

原料

苹果1个，海带50克，猪瘦肉100克。

调料

盐适量。

做法

1. 海带用水浸软后，切段；苹果去皮去核，切块；猪瘦肉切块，汆水。
2. 往砂锅内注入清水，放入苹果、海带、猪瘦肉，大火烧沸后，转小火煲汤1~2小时，食用前加盐调味即可。

补养功效

本汤具有润肺化痰、清热解渴之功。对肺热咳嗽有一定的调养作用，肺气亏虚引起的面色苍白、气短无力也可饮用本汤。

猪肺薏米粥　补脾肺，止咳

原料

猪肺、粳米各 50 克，薏米 25 克。

调料

葱花、姜丝、盐、料酒各适量。

做法

1. 将猪肺洗净，放入锅内，加水适量，倒入料酒，煮七成熟捞出，切成丁。
2. 粳米淘洗干净；薏米拣净。
3. 锅内加水，大火烧沸，放入粳米、薏米小火煨粥 15 分钟后，放入猪肺丁、葱花、姜丝、盐，继续用小火煨粥至粥熟烂即可。

补养功效

本品可补脾肺，止咳。多适用于老年慢性支气管炎属脾肺气虚、痰湿内蕴者。

北沙参炖老鸭　养阴清肺，祛痰止咳

原料

北沙参 6 克，枸杞子 10 克，老鸭 200 克。

调料

姜片、料酒、盐各适量。

做法

1. 老鸭切块、洗净，放入砂锅内。
2. 把北沙参、枸杞子清洗干净，同姜片、料酒一并入砂锅内，加水小火炖 1~2 小时。
3. 炖至汤香肉烂时，加盐调味即可。

补养功效

本品有养阴清肺、祛痰止咳之功。其中北沙参能养阴清肺、生津益胃。多用于肺热燥咳、虚劳久咳、阴伤咽干、口渴等症。

鼻炎

过敏性鼻炎多表现为阵发性鼻痒、喷嚏、流清涕；萎缩性鼻炎表现为鼻内脓痂、鼻出血、嗅觉障碍、头昏。根据不同的表现，选择不同的调养食物。

过敏性鼻炎适当食用补益脾肺肾之物

过敏性鼻炎多因肺脾气虚或者肾元虚亏所致，所以应根据各人病情轻重及累及脏腑不同，适当进补，应多食山药、百合、黑木耳等物。

通过饮食补养时，应忌食或少食易引起过敏的食物，如鱼、虾等蛋白质丰富的食物。

萎缩性鼻炎多食生津滋阴的食物

萎缩性鼻炎多因肺阴不足、燥邪外乘所致，日常调养应少食易伤津耗液的食物，比如油煎火烤的各类点心、菜馔、瓜子炒货等，多食生津滋阴的食物，如甘蔗、荸荠、银耳、老鸭等。

副鼻窦炎应补健脾养肾之品

急性副鼻窦炎常由外邪、燥热引起，饮食应清淡，可食莴笋、白萝卜、大白菜等新鲜蔬菜；慢性副鼻窦炎常由脾虚、肾亏引起，所以在饮食补养中可以进补一些健脾益肾的食物，比如山药、扁豆、薏米、枸杞子、各种鱼类等。同时，应减少辛辣之物，如辣椒、茴香、胡椒等。

鼻息肉多食可清热解毒的蔬菜瓜果

鼻息肉多因外邪侵袭或痰浊不化而起，故饮食不仅需注意以清淡为主，还应多食具有清热解毒作用的蔬菜瓜果，比如芹菜、大白菜、西瓜等。

除了在饮食中注意调养之外，平时应加强体育锻炼，增强体质，防止感冒。除食物过敏原要尽可能避免外，还应避免接触粉尘、药物、螨、化学品等过敏原。并注意保持鼻腔的清洁卫生。

薏米煮山药　健脾化湿，适用于鼻息肉

原料

薏米、生山药各 30 克。

调料

冰糖适量。

做法

1. 薏米拣净；生山药去皮，切段。
2. 锅内加水，放薏米煮烂，加生山药，用小火煮至山药熟软，加冰糖搅匀即可。

补养功效

本品具有健脾化湿之功，适用于鼻息肉所致的痰涕增多。其中薏米能健脾祛湿，山药可益肾气、健脾胃。

银耳蛋清羹　生津滋阴，适宜萎缩性鼻炎

原料

银耳 5 克，鸡蛋 1 个。

调料

冰糖适量。

做法

1. 将银耳用温水泡发，去除黄根，洗净，切成块状。
2. 锅内加水，煮沸后，将银耳放入，用小火煮烂。
3. 加鸡蛋清，边搅边煮，煮成蛋羹后加入冰糖搅拌均匀即可。

补养功效

本品具有生津滋阴的功效，多用于伴口唇干燥的萎缩性鼻炎。

慢性胃炎

慢性胃炎多出现饭后饱胀、泛酸、嗳气、无规律性腹痛等消化不良现象。食疗调养对于慢性胃炎来说很关键。

以少吃多餐为原则

慢性胃炎者以少吃多餐、增加营养、减轻胃部负担为原则，可多吃些高蛋白食物及高维生素食物，保证身体内各种营养素的充足，防止贫血和营养不良，如瘦肉、鸡、鱼等以及绿叶蔬菜、番茄、茄子、大枣等。

注意酸碱平衡

可以经常食用新鲜山楂，以刺激胃液的分泌。每次以 2~3 个为宜。

当胃酸分泌过多时，可喝牛奶、豆浆，吃馒头或面包以中和胃酸；当胃酸分泌减少时，可用浓缩的肉汤、鸡汤、带酸味的水果或果汁，刺激胃液的分泌，帮助消化。

同时，要注意避免食用会引起腹部胀气和含纤维较多的食物，如豆类和豆制品、蔗糖、芹菜、韭菜等。

酸奶可保护胃黏膜

当出现萎缩性胃炎时，宜饮酸奶，因为酸奶中的磷脂类物质能对胃黏膜起到保护作用，增加胃内的酸度，抑制有害菌分解蛋白质产生毒素，同时使胃免遭毒素的侵蚀，有利于胃炎的治疗和恢复。

忌食生冷食品

不可过食生冷食品，过食可致脘腹受凉、气血凝滞，呕吐清水或酸水，胃痛加重；忌饮用汽水、可乐；忌进食辛辣刺激性食物；忌大鱼大肉以及油煎炸品，饮食宜清淡可口；同时还要忌烟酒。

据研究发现，慢性胃炎与不正确的饮食习惯及不良嗜好密切相关。首先要改变不正确的饮食习惯，戒除不良的烟酒嗜好。饮食以易消化的软食为主，每餐的食物量要控制适当，切忌暴饮暴食。

平菇炖肉

增强体质，改善人体新陈代谢

原料

猪瘦肉，鲜平菇各150克。

调料

料酒、盐、葱段、姜片各适量。

做法

1. 先将猪肉洗净、切块，入沸水锅略汆片刻。
2. 把肉块放入锅中，加入料酒，摆上葱段、姜片。
3. 注入清水，先用大火烧沸，后改用小火炖1小时左右。
4. 炖至肉熟烂时，倒入平菇，待其熟透后加盐调味即可。

补养功效

该品具有改善人体新陈代谢、增强体质、防癌、抗癌的功效。适用于慢性胃炎、胃溃疡、十二指肠溃疡等症。

温馨提示

本品一般人均可食用，体弱者、更年期女性，肝炎、消化系统疾病、软骨病、心血管疾病患者，尿道结石症患者及癌症患者，尤其适宜。

沙参冰糖煮鸡蛋　滋阴润燥，生津凉血

原料

北沙参 30 克，红皮鸡蛋 2 个。

调料

冰糖适量。

做法

1. 将北沙参切小块；鸡蛋冲洗干净。
2. 锅内加水，放入鸡蛋和北沙参，将其共煮，水沸 10 分钟后取蛋去壳。
3. 将鸡蛋放入汤中，并加冰糖，再煮 5 分钟即可。

补养功效

本品可滋阴润燥、生津凉血，是萎缩性慢性胃炎病人的常用食疗佳品。

小茴香粥　健脾开胃，行气止痛

原料

炒小茴香 15 克，粳米 100 克。

调料

盐适量。

做法

1. 将小茴香装于纱布袋内，扎口，放入锅中，加水煮 30~40 分钟后捞出弃用。
2. 将洗净的粳米倒入锅内，小火煨粥至熟。
3. 最后加盐调味即可。

补养功效

本粥可健脾开胃，行气止痛。适用于脘腹冷痛、慢性胃炎、纳差等。早晚食用。

鲫鱼糯米粥　温中补虚，健脾和胃

原料

鲫鱼 1 条，糯米 50 克。

调料

盐适量。

做法

1. 将鲫鱼去肠杂，洗净；糯米淘洗干净。
2. 锅内加水，大火烧沸后，放入鲫鱼、糯米，同煨粥至鱼米熟烂。
3. 食用前加盐调味即可。

补养功效

本粥具有温中补虚功效，适用于慢性胃炎患者。

姜韭牛奶饮　温胃健脾

原料

韭菜 250 克，生姜 25 克，牛奶 250 毫升。

做法

1. 取韭菜、生姜，洗净切碎绞汁。
2. 将牛奶煮沸。
3. 加入生姜、韭菜汁，搅拌均匀即可。

补养功效

生姜可用于脾胃虚寒，食欲减退，恶心呕吐，或痰饮呕吐，胃气不和的呕吐；韭菜具有健脾暖胃之功，用于脾胃虚寒，噎嗝反胃，腹中冷痛。

本品有温胃健脾之功，多用于慢性胃炎和虚寒性胃溃疡。

慢性肾炎

慢性肾炎多表现为蛋白尿、水肿、高血压，显微镜检查尿中有红细胞。饮食调养对慢性肾炎大有益处。

多食滋补脾肾之品

慢性肾炎者久病损伤正气，体质虚弱，宜多食滋补营养品，以补脾益肾、扶正固本，如人参、麦乳精、黑木耳、蜂蜜等。

应低盐饮食

慢性肾炎者多伴有水肿，故应采用低盐饮食。高血压者更应严格限制盐分摄入。

多食清淡食物

慢性肾炎特别是高血压者，宜食清淡食物，忌食辛辣刺激性强的食物或海产品，如辣椒、姜、蒜、羊肉、带鱼、海虾等。

大量补充蛋白质

如出现大量蛋白尿、血浆蛋白低下，应大量补充蛋白质，如牛奶、鸡蛋等，如同时血中胆固醇浓度升高，则应控制脂肪摄入量。

多食含铁之物

慢性肾炎者如出现贫血，应补充含铁、B族维生素、维生素C的食物，比如黑木耳、大枣、桂圆、赤小豆、番茄、萝卜等。

忌辛辣食物

慢性肾炎者需忌食辣椒等辛辣刺激食物及烟酒，油腻及热性食物需少食。

慢性肾炎者，久病损伤正气，宜以益气养血、健脾补肾食物来补养。适当的饮食调养，可使病情缓解，肾功能得以恢复。同时，需要避免剧烈运动、受凉受湿，防止感染。

冬瓜黑豆炖鲫鱼　健脾益肾，利水消肿

原料

冬瓜 100 克，黑豆 50 克，鲜鲫鱼 1 条。

做法

1. 将冬瓜去皮，切块；黑豆去杂。
2. 将鲜鲫鱼去杂，冲洗干净。
3. 砂锅内加水，水沸后，放入黑豆、鲜鲫鱼，不加盐及其他调料。
4. 约 20 分钟后，放入冬瓜同煮，至肉熟豆烂即可。

补养功效

本品具有健脾益肾、利水消肿的功效。多用于慢性肾炎水肿的调养。其中，冬瓜可利尿排湿，黑豆能补肾益阴、健脾利湿，鲫鱼具有和中补虚、除湿利水的作用。

温馨提示

本品还适宜营养不良性水肿以及脾胃虚弱、饮食不香者食用。

感冒发热期间不宜食用鲫鱼汤。

赤小豆粥　清热，利水消肿

原料

赤小豆、粳米各 50 克。

做法

1. 将赤小豆拣净；粳米淘洗干净。

2. 锅内加水，大火烧沸后，放入赤小豆、粳米。

3. 用小火煨粥 30 分钟左右，至豆熟烂即可。

补养功效

赤小豆具有消热解毒、健脾益胃、利尿消肿、通气除烦等功效。本品有清热、利水消肿的功效，可用于急性肾炎、慢性肾炎等湿热水肿者。

黄芪玉米煲猪腰　健脾益肾

原料

猪腰 1 个，黄芪 12 克，玉米 60 克。

做法

1. 将黄芪放入纱布包内；猪腰去膜、洗净。

2. 锅内加水，水沸后，放入玉米、黄芪、猪腰同煮。

3. 煮至猪腰、玉米熟后，将黄芪包拿出后即可食用。

补养功效

该品可健脾益肾，适用于脾肾亏虚所致的腰膝酸软、水肿尿少、腰痛等。对慢性肾炎者有好处。

黄芪茯苓粥　益气，健脾，利水

原料

黄芪、茯苓各 15 克，粳米 100 克。

做法

1. 将黄芪、茯苓拣净；粳米淘洗干净。
2. 黄芪切碎，茯苓亦切成小碎块。
3. 锅内加水，大火烧沸后，放入黄芪、茯苓、粳米同煮粥。
4. 煮至粥香米熟时，搅匀即可。

补养功效

本粥有益气、健脾、利水之功，可用于肾炎蛋白尿伴水肿，而表现为脾气不足者。其中，黄芪能补一身之气、兼有利水消肿的作用，茯苓具有利水渗湿、益脾和胃、宁心安神的功效。

芡实煲老鸭汤　益肾，利水消肿

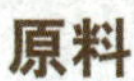

原料

芡实 10~12 克，老鸭 1 只。

调料

盐适量。

做法

1. 将老鸭去杂、洗净；芡实拣净，并将芡实放入鸭腹中。
2. 砂锅内加水，水沸后放入老鸭。
3. 用小火煲汤 1~2 小时，至鸭肉熟烂，加盐调味即可。

补养功效

本品具有补肾、利水消肿的功效，多用于慢性肾炎的调养。

脂肪肝

肝内如有过量脂肪沉积，可形成脂肪肝。其多由饮食失节、过食肥腻厚味或饮酒过量使胃伤脾损、脾胃消化功能下降、脾胃虚弱，引发痰湿内生、肝气失畅所致。故饮食调养以调肝为宜。

控制饮食

如果身体肥胖、热量摄入过多，则要控制饮食，做到定量饮食，以素为主，多吃蔬菜、水果。

平时宜食用高蛋白、低脂肪、低糖及富含维生素的食物，少食油腻及高热量的食品，以减少总热量的摄入，促使体内多余的脂肪氧化消耗。争取每半个月减轻体重 0.5~1 千克，逐步降到正常标准体重。

高蛋白饮食

每天每千克体重可给 1.2~1.5 克高蛋白，高蛋白可保护肝细胞，并能促进肝细胞的修复与再生。优质蛋白质供给应占适当比例，比如豆腐、腐竹等豆制品，瘦肉、鱼、虾、脱脂奶等。

还宜食富含甲硫氨基酸的食物，如小米、莜麦面、芝麻、油菜、菠菜、菜花、海米、干贝、淡菜等，可促进体内磷脂合成，协助肝细胞内脂肪的代谢。

应严格忌酒

据研究发现，长期饮烈性酒可直接造成肝损伤，而导致肝内脂肪蓄积或肝细胞纤维化，故脂肪肝病人应严格忌酒。

不吃动物内脏

脂肪肝者尽量少吃或不吃动物内脏、蛋黄、蟹黄等；甜食也应少吃或不吃，因为糖类在体内可转变为脂肪，会加重脂肪肝症状；还需要注意少吃零食，睡前不要加餐。

脂肪肝患者要坚持体育锻炼和体力活动，因为这样能够促进肝脏代谢，有利于血液循环，有利于消耗肝脏内过剩物质。适度运动对肥胖及脂肪肝者都有良好的调理作用。

此外心情要开朗，不发怒，少气恼，注意劳逸结合也是相当重要的。

芹菜大枣汤　健脾、养肝，用于调养脂肪肝

原料

芹菜 200~400 克，大枣 50~100 克。

做法

1. 将芹菜洗净，切段；

2. 锅内加水，将芹菜和大枣放入，同煮熟成汤即可。

补养功效

芹菜可清热除烦、平肝；大枣能补脾益气、养血安神。

该品有清热解毒、健脾补血养肝之功，可利尿、健胃、降压、降低胆固醇和增加血清总蛋白，多用于脂肪肝的调养。

绿豆薏米粥　健脾祛湿，改善脂肪肝

原料

绿豆、薏米各 50 克。

调料

蜂蜜适量。

做法

1. 将薏米、绿豆淘洗干净，用清水浸泡。

2. 锅内加水，大火烧沸后，放入绿豆、薏米，转小火煨粥 30 分钟左右。

3. 煮至熟烂后关火，待粥温后加蜂蜜即可。

补养功效

本品有健脾益胃、利水消肿、清热解毒的功效，多用于改善脂肪肝。

肝炎

病毒性肝炎简称肝炎，多表现为短期的轻度或中度发热，伴有全身乏力、食欲减退、恶心、腹胀、肝区隐痛、黄疸等，以及会出现肝肿大、压痛，伴有不同程度肝功能损害等现象。肝炎分类众多，饮食宜新鲜清淡，不宜过食肥腻甘甜、壅脾生湿之品。

以新鲜、清淡、易消化为原则

饮食以新鲜、清淡、易消化为原则，并需补充充足的热量和一定的蛋白质、维生素 C。少食煎烤油腻，暂时不食或少食牛奶、豆浆、山芋等产气食物。

急性期采用低脂、高糖饮食

急性期可以采用传统的低脂、高糖饮食。如食欲尚可，不必限制过严。可在适口、营养、清淡的原则下，随意食用，热量以能维持营养为度。如食欲差者，也不必强令进食，可以果蔬禽蛋、半流质饮食为主。待食欲改善后，可适当增加热量和蛋白质，不必过分限制脂肪，但油腻饮食应当避免。严格禁酒 1~3 年。

重症者宜低盐、低脂、高糖饮食

重症者饮食益低盐、低脂、高糖，保证充分的热量。可选用果汁、稀饭、面条及其他糖类食物。由于重症者肝功能极度减退，故须禁食蛋白质，严格禁酒 1~3 年。如病情好转，可适度增加蛋白质的摄入量。

慢性肝炎者要保证足够热量

慢性肝炎者饮食要保证足够热量，蛋白质摄入可适当增加。可选用鱼、瘦肉、蛋、乳等，但须适当限制动物脂肪的摄入。

酒、大蒜、羊肉、生姜、葵花子等，是慢性肝炎患者应禁忌的食物。

合理的营养是帮助肝脏功能恢复的重要方面，掌握正确的饮食原则，避免饮食不当而增加肝脏的负担与伤害，防止肝脏发生永久性损伤，促进肝脏组织的再生，促进肝脏功能的恢复。

泥鳅汤　疏肝，急性黄疸型肝炎尤为适宜

原料

泥鳅 100 克，生山楂 9 克，黄花菜 30 克。

调料

生姜 2 片，盐、味精各适量。

做法

1. 将泥鳅去腮、内脏，冲洗干净，沸水浸泡。
2. 将泥鳅放入锅内，加水，加生山楂、黄花菜，煮汤。
3. 10 分钟后加生姜解腥，再煮 30~40 分钟。
4. 最后加盐、味精调味即可。

补养功效

本品有疏肝和血、清热利湿之功。适用于急性黄疸型肝炎热重于湿。另外，将泥鳅加水适量，炖至七成熟后加豆腐、生姜末、盐煮熟，分顿食，适用于急性黄疸型肝炎湿重于热。

温馨提示

阴虚火盛者忌食本品；泥鳅不宜与狗肉、螃蟹同食。

黑豆炖猪肉　滋阴润燥，用于慢性肝炎恢复期

原料

黑豆 30 克，猪瘦肉 50 克。

调料

盐、味精各适量。

做法

1. 黑豆、猪肉洗净，将猪肉切成小块。

2. 砂锅内加水，放入黑豆、猪肉，先用大火煮沸，去浮沫。

3. 改用小火煨炖，待肉熟豆烂后，加入盐、味精调味，饮汤食肉。

补养功效

本品具有滋阴润燥的作用，宜用于慢性肝炎恢复期时食用。

南瓜根炖牛肉　利湿热，适用于黄疸型肝炎

原料

南瓜根 15 克（鲜品 60 克），黄牛肉 150 克。

调料

料酒、酱油、桂皮、茴香各适量。

做法

1. 南瓜根去泥洗净，牛肉切成块。

2. 将牛肉放入砂锅中，加水适量，煮沸，去浮沫。

3. 放入南瓜根，加入料酒、酱油、桂皮、茴香，用小火炖至牛肉酥烂即可。

补养功效

本品有利湿热之功，民间常用于治疗黄疸型肝炎，对急慢性肝炎（有无黄疸者均可）较为适宜。

香菇粳米粥 健脾胃，多用于肝区胀痛

原料

水发香菇25克，粳米50克。

做法

1. 将香菇切丝，粳米淘洗干净。

2. 锅内加水，大火烧沸后放入粳米，调至小火煨粥15分钟。

3. 放入香菇丝煨粥10~15分钟，煮至粥稠即可。

补养功效

本品可健益脾胃，提高人体抵抗力和免疫力。适用于急慢性肝炎的肝区胀痛，胃口不佳。

猪肝绿豆粥 补肝养血，适合肝血不足型肝炎

原料

新鲜猪肝、粳米各50克，绿豆30克。

调料

盐、味精各适量。

做法

1. 先将绿豆、粳米洗净，放入锅内加水同煮。

2. 大火煮沸后改用小火慢熬，煮至八成熟。

3. 将猪肝切成片状，将其放入锅中同煮，熟后加盐、味精调味即可。

补养功效

此粥可补肝养血、清热明目。特别适合面色蜡黄、视力减退、视物模糊等肝血不足的肝炎患者。

胆囊炎、胆石症

急性胆囊炎常以饱餐后上腹部或右上腹剧痛，发热或黄疸为特征；慢性胆囊炎则往往缺少典型症状，或伴腹胀或伴右上腹隐痛；胆石症平时大多无症状，或仅表现为消化不良，急性发作时可呈“胆绞痛”，或伴明显黄疸。

急性发作时饮食原则

急性胆囊炎、慢性胆囊炎急性发作、胆石症急性发作者，在适当补液的同时，应予禁食，病情好转后逐步增加流质、半流质及清淡食物。可选用豆类、豆汁、大米粥、藕粉、软饭、清蒸鱼类、土豆、蔬菜、鲜果等。

禁食刺激性食物

胆囊炎、胆石症中肝胆湿热者颇多，因此刺激性食物、酒类、葱姜大蒜等浓烈调味品，以及煎烤等辛温燥烈之品宜戒除。

饮食要清淡

慢性胆囊炎、胆石症者饮食要清淡，宜严格限制动物脂肪摄入。肥胖者应节食，以逐步降低体重。

饮食要严格控制胆固醇摄入，不食肥肉、鱼子、动物内脏、蛋黄。

油类当以植物油为主，可选用橄榄油、玉米油、豆油、菜油。

人体活动所需的糖可从谷物淀粉中获取，蔗糖、果糖及其他精制糖类要少食。

多食新鲜蔬菜

慢性胆囊炎、胆石症者需多食新鲜蔬菜、水果、香菇、黑木耳，以吸附肠道内的胆汁酸，抑制肠内胆固醇的吸收，减轻炎症。

多食蜂蜜、香蕉等润肠食品，以保证大便通畅。

此外，每日需保证 1500 毫升的饮水量，以防止结石的形成。

胆囊炎、胆石症多以肝胆湿热者居多。

胆囊炎、胆石症常以腹痛、发热为主要表现，且腹痛多发于饱餐或进食油脂类食物后，因此饮食宜少食多餐、清淡。

绿豆蛋清汤 清胆养胃，适用于急慢性胆囊炎

原料

绿豆 150 克，蛋清 1 个。

调料

盐适量。

做法

1. 将绿豆拣净，洗净。
2. 锅内加水，大火烧沸后加入绿豆，后改为小火将其煮烂。
3. 放入蛋清，搅拌均匀，加盐调味即可。

补养功效

本品有清胆、养胃、补虚之功。适用于急慢性胆囊炎。

黄豆炖泥鳅 清胆祛湿，用于慢性胆囊炎、胆石症

原料

泥鳅 120 克，黄豆 50 克。

调料

盐适量。

做法

1. 泥鳅去鳃、内脏，洗净；黄豆淘洗干净。
2. 将泥鳅与黄豆同放锅内，加水适量，清炖至烂。
3. 最后加盐调味即可。

补养功效

本品具有清胆祛湿的作用，适用于慢性胆囊炎、胆石症。

贫血

贫血多表现为面色苍白，常伴有头昏、乏力、心悸、气急等现象。饮食以富于营养、高热量、高蛋白、多维生素为主，以助于恢复造血功能。

缺铁性贫血饮食4原则

食用含铁丰富的食物，如动物肝脏、瘦肉、蛋黄、豆类和番茄、荠菜、大枣、樱桃等；选用维生素C丰富的新鲜蔬果；多食含维生素A丰富的食物，如蛋黄、胡萝卜等；多食富含蛋白质的食物，比如牛奶、鱼类等；选食含叶酸、维生素B_{12}的食物，如动物肝脏、瘦肉及大白菜、青菜等。

溶血性贫血者忌食助湿生热之物

需忌过食荤腥、油腻、助湿、生热之物，如鱼、蟹、虾和肥肉等；如属红细胞外因素者，尤需注意饮食致病因素，如系食蚕豆所致者，需要忌食此物。

在饮食方面需要注意加强营养，宜食富含维生素C的绿叶蔬菜及含维生素E的食物，比如大豆、花生等；还可进食一些有驱虫作用之品，如大蒜、香椿、石榴、南瓜子等。

再生障碍性贫血者宜食易消化食物

再生障碍性贫血者在急性发病有感染时宜食易消化并具有清热解毒作用的食物；出血严重者宜食用有凉血止血功效的食物；贫血严重者需多食含维生素C丰富的新鲜蔬菜、水果；同时还需要忌食辛辣香燥之品。

平时要注意饮食调理，以预防缺铁性贫血的发生。多食用含铁丰富的食物，如动物血、肝脏、肾脏、瘦肉、蛋类、水果等；还要增加优质蛋白质的摄入量，使其能满足合成血红蛋白及产生红细胞的需要，如肉类、鱼类、奶类及蛋类；此外，还要补充富含维生素C的蔬菜、水果等。

莲藕牛肉汤　补气养血，多用于调养贫血

原料

莲藕 150 克，牛肉 100 克，赤小豆 10 克，蜜枣 2 颗。

调料

生姜 3 片，盐适量。

做法

1. 以上材料分别洗净，莲藕去皮切厚片；牛肉切大块。
2. 往砂锅内注入清水，放入莲藕、牛肉、赤小豆、蜜枣、生姜。
3. 大火烧沸后，转小火煲汤 1~1.5 小时。
4. 食用前加入盐调味即可。

补养功效

本品具有补气养血、清热凉血、健脾益肾、强筋健骨的功效。多用于营养不良、久病体虚、贫血者的调养。

温馨提示

一周吃 1 次本汤即可，不可食之太多，另外，牛脂肪更应少食为妙，否则会增加体内胆固醇和脂肪的积累量。

桑葚血糯米粥 | 养血滋阴，用于贫血头晕

原料

桑葚、藕粉各 30 克、血糯米 50 克。

调料

红糖适量。

做法

1. 将桑葚浸泡。
2. 锅内加水，加入桑葚、血糯米，大火烧沸后，改小火煮粥。
3. 煮至米开汤稠，加藕粉，煮至粥熟。
4. 放入红糖，搅拌均匀即可。

补养功效

此粥可滋补肝肾，养血滋阴。多用于贫血之头晕耳鸣、失眠多梦等。

温馨提示

据《本草经疏》载：桑葚“其为凉血、补血、益阳之药无疑矣。”现代研究发现其具有增强免疫，促进造血红细胞生长、促进新陈代谢等功能。本品虽有养血之功，但一次食用量不可太多。

菠菜猪肝汤　补气血，适用于贫血之目糊昏花

原料

菠菜 50 克，猪肝 80 克。

调料

盐适量。

做法

1. 将菠菜放入沸水中煮沸 3 分钟，弃汤。
2. 猪肝洗净，切片。
3. 锅内加水，大火烧沸后，放入猪肝，煮汤片刻。
4. 放入菠菜与猪肝同煮至猪肝变灰褐色，加盐调味即可。

温馨提示

在制作菠菜的时候，需先用沸水将菠菜焯熟，这样会利于人体吸收营养。

补养功效

《本草纲目》中认为，食用菠菜可以“通血脉，开胸膈，下气调中，止渴润燥”。本品具有滋补气血的作用，多用于缺铁性贫血之目糊昏花，每日 1 次，可常食。

太子参羊肉羹　补肾养血，适宜缺铁性贫血

原料

羊肉150克，太子参、桂圆各10克，何首乌5克。

调料

葱白、姜片、料酒、盐各适量。

做法

1. 羊肉切碎；桂圆去壳；太子参、何首乌拣净。

2. 太子参、桂圆、何首乌装入洁净的纱布袋内扎紧口。

3. 砂锅内加水，放入羊肉丁、纱布袋，加姜片、料酒，用大火烧沸后，去浮沫。

4. 用小火煨至羊肉烂熟，捞去纱布袋，加入葱白、盐调味即可。

补养功效

本品有益气温中、补肾养血之功。常用来调理缺铁性贫血。

黄芪鸡汁粥　益气血，适宜气血双亏贫血者

原料

母鸡1只，黄芪15克，粳米100克。

做法

1. 将母鸡剖洗干净，煎浓鸡汁。

2. 将黄芪煎汁。

3. 将粳米加入鸡汁和黄芪汁中煮粥即可。

补养功效

本品具有益气血、填精髓的功效。适用于久病体虚、气血双亏、营养不良型贫血。其中，黄芪具有补气升阳、益卫固表的作用。

熟地鸡肝汤　补肝血，用于阴虚血少引起的贫血

原料

熟地 10 克，鸡肝 1 副，猪瘦肉 50 克。

调料

盐适量。

做法

1. 以上材料分别洗净，将鸡肝切块；猪瘦肉汆水，切块。

2. 往砂锅内注入清水，放入熟地、鸡肝、猪瘦肉，大火烧沸后小火炖 2 小时。

3. 食用前加盐调味即可。

补养功效

本品有滋阴养血的功效，适用于阴虚血少引起的贫血、头晕、失眠多梦等。

大枣黑木耳汤　补肾养血，适用于贫血日常调理

原料

黑木耳 15 克，大枣 10 枚。

调料

红糖适量。

做法

1. 将黑木耳泡发后，洗净；大枣洗净。

2. 将黑木耳、大枣共放锅内，加清水适量煮汤。

3. 汤成后加入红糖搅拌均匀即可。

补养功效

此汤可补肾养血。适用于缺铁性贫血和女性体虚，也常用于经期后补血。

月经不调

月经不调，表现为月经周期或出血量的异常，或是月经前、经期时的腹痛及全身症状。饮食调养应以补肾、扶脾、疏肝、调理气血为主。

饮食以清淡为好

经期中食用清淡的饮食，有助于消化和吸收。饮食要少盐，防止食用盐分过多，造成的体内盐分和水分的积聚增加，避免月经来潮初期出现头疼、易怒的情况。

多食温热之物

温热食物有助于血液运行通畅，而食用生冷寒性食物，则不利于消化，并且还会损伤人体阳气，导致血液流通不畅，出现月经不调、经血量少、痛经等问题。

多食高纤维食物

纤维素丰富的食物有助于调理经期、改善便秘，如新鲜水果、蔬菜、燕麦、糙米等。此外，其还可以起到促进雌激素分泌的作用，能改善月经不调的状况。

摄取优质蛋白质

蛋类、瘦肉、奶制品、大豆中的蛋白质都属于优质蛋白质，可以经常食用这类食物补充优质蛋白质。

勿饮浓茶

经期中不适合喝浓茶，浓茶含有大量咖啡因，对神经和心血管的刺激很大，容易增加焦虑不安的负面情绪，还很容易加重痛经和经血量，并会延长经期。

不要过量食用甜食

食用过多蛋糕、糖果、饮料等甜品，会导致糖分摄入过多，而出现血糖不稳定的情况，比如头晕、疲劳、心跳加快、情绪不稳定等，还会加重经期症状。另外，最好不要吃刺激性大的辛辣食物。

如月经过多、长期出血，则在食疗方面应配益气养阴的滋补食物。熬夜、过度劳累、生活不规律都会导致月经不调，在日常生活中，注意生活规律利于月经不调的调理。

莲藕木耳老鸭煲 | 滋阴清热，用于调整月经周期

原料

鲜莲藕 200 克，黑木耳 30 克，老鸭 1 只。

调料

生姜 2 片，盐、料酒各适量。

做法

1. 莲藕洗净，切块；黑木耳温水泡发，择洗干净。
2. 老鸭洗净，剁块；生姜切片。
3. 砂锅内盛水，大火烧开后，放入老鸭，加生姜、料酒小火煲汤至八成熟。
4. 放入莲藕、黑木耳继续用小火煲汤至熟，最后加盐调味即可。

补养功效

本品可以滋阴清热，调整月经周期，减少出血。莲藕能化淤止血；黑木耳能凉血止血，利肠通便；老鸭可滋阴养胃。常喝此汤，对于月经量多且阴虚内热体质者，效果尤佳。

温馨提示

凡体内有热的人适宜食鸭肉汤，体质虚弱、食欲不振、发热、大便干燥的人食之更为有益。

红花糯米粥　养血活血，适宜血虚、血淤者

原料

红花、当归各5克，丹参6克，糯米50克。

做法

1. 先将红花、当归、丹参煎汁，并去渣。

2. 糯米淘洗干净，放入锅内，加水小火煨粥30分钟左右。

3. 待粥稠米烂时，加入以上煎汁搅拌均匀即可。

补养功效

本品具有养血活血调经之功，多用于月经不调有血虚、血淤者。其中，红花有很强的活血作用，具有活血祛淤、止痛通经的功效。

芹菜牛肉粥　凉血补虚，多用于月经提前

原料

牛肉15克，芹菜60克，粳米50克。

做法

1. 带根芹菜洗净，切末；牛肉洗净蒸熟，切成末。

2. 将芹菜与粳米放入锅内，加水煮粥。

3. 待粥熟时加入熟牛肉末，稍煮即可。

补养功效

此粥具有清热凉血补虚的作用，适用于血热型月经先期者。其中，芹菜具有健脾养胃、清热除烦、平肝、利水消肿、凉血止血的作用。

归黄炖乌鸡　益气养血，可用于月经提前

原料

乌鸡1只，当归、黄芪、茯苓各10克。

调料

生姜2片，料酒、盐各适量。

做法

1. 先将乌鸡洗净去杂，放进温水里加料酒用大火煮片刻，撇去浮沫。

2. 把当归、黄芪、茯苓放入鸡腹内，用线缝合，并将其放入有温水的砂锅内，加生姜片，小火炖至肉烂熟，加盐调味即可。

补养功效

本品有健脾养心、益气养血之功。适用于月经超前、经量过多、精神疲倦、心悸气短、失眠等。

益母草煮鸡蛋　补血调经，缓解经期胸腹胀痛

原料

益母草15克，鸡蛋1个。

做法

1. 将益母草、鸡蛋加水适量同煮。

2. 鸡蛋熟后去壳，再煮片刻即可。

补养功效

本品具有补血调经的功效，适用于月经先期有胸腹胀痛者。益母草擅于活血调经，能治女性经、带、胎、产诸症，故有益母之称。

月经前每日1次，连吃数日，吃蛋饮汤。

痛经

痛经多发生在月经的第一日或第二日，表现为下腹部阵发性胀痛或刺痛，或疼痛放射到肛门及腰部，出现肛门坠痛、腰酸或腰骶部疼痛，严重者腹痛剧烈伴恶心、呕吐、手足冰冷、面色苍白，甚至昏厥。多数月经量多，伴有血块，待血块或内膜状物排出后疼痛才逐渐缓解。

合理营养，补充维生素E类食品

合理营养的饮食，应包括蛋白质、脂肪、糖类、维生素、矿物质、水和膳食纤维七大营养素。富含维生素E的食物有谷胚、麦胚、蛋黄、豆、硬果、叶菜、花生油、香油等，痛经者应多食用此类食物。

根据不同的表现，给予适当的食物

寒凝气滞、形寒怕冷者，应食温经散寒的食物，如羊肉、栗子、红糖、生姜、小茴香、花椒等；气滞血淤者，应吃些活血通气的食物，如荠菜、菠菜、香菜、空心菜、生姜、胡萝卜、枳实、橘子、橘皮、佛手等；身体虚弱、气血不足者，宜吃补气补血补肾之品，如土鸡、乌鸡、猪瘦肉、猪肝、牛肝、桑葚、枸杞子、山药等。

忌食生冷、酸辣之物

痛经为寒凝血淤所致，故禁食冷饮；其因寒冷致血凝，故不宜食柿子、生梨、西瓜等生冷之物；痛经者不宜食用酸辣等刺激性食品，如辣椒、醋、烟酒等；湿热下注型痛经者尤其不宜食用辛辣、刺激、油腻及热性食品，如辣椒、大蒜、韭菜、羊肉等。

痛经有虚实之分。实证多因气滞血淤、寒凝胞中、湿热下注；虚证多因气血虚弱、肝肾虚损。因此实证在食疗方面应配理气活血、化淤止痛、温经暖宫、散寒除湿的食物；虚证则配补益气血、肝肾的滋补食物。

当归粥

补血调经，活血止痛

原料

当归 15 克，大枣 3 枚，粳米 50 克。

调料

白糖适量。

做法

1. 当归用温水浸泡片刻，加水煎汁，去渣取汁。
2. 当归汁液中加入粳米、大枣，再加水适量，煮至米烂粥稠。
3. 待粥熟烂时，加入白糖搅拌均匀即可。

补养功效

此粥可补血调经，活血止痛，润肠通便。适用于气血不足而出现的月经不调、痛经、闭经、血虚头痛、眩晕、便秘等。

温馨提示

本品虽佳，但脾虚湿盛之食欲不振、脘腹胀满、泄泻、舌苔厚腻者不宜食用，阴虚火旺者慎用。

益母草大枣瘦肉汤

活血祛淤，益气补血

原料

益母草 40 克，大枣 4 枚，猪瘦肉 100 克。

调料

盐适量。

做法

1. 大枣浸软去核；猪瘦肉汆水、切块。

2. 往砂锅内加入清水，放入益母草、大枣、猪瘦肉。

3. 大火煮沸后，转小火煲汤 1~1.5 小时，食用前加盐调味即可。

补养功效

本品具有活血祛淤、益气补血之功，多用于因瘀血阻滞引起的痛经、闭经。

姜枣花椒汤

活血祛淤，用于寒凝血淤型痛经

原料

生姜片 10 克，花椒 5 克，大枣 5 枚。

调料

红糖 15 克。

做法

1. 锅内盛水，大火烧沸后，放入生姜、花椒、大枣，小火煲汤 5 分钟。

2. 加红糖稍煮片刻，搅拌均匀即可。

补养功效

本品具有温经散寒、活血祛淤的作用，适用于寒凝血淤型痛经。用鲜姜、红糖水煎饮，亦可用于寒湿凝滞型痛经。

每日 1 次，月经来潮前连饮 3~5 日。

小麦玉竹粥　活血补血，用于经前紧张症

原料

玉竹 9 克，小麦 15 克，大枣 3 枚，粳米 60 克。

做法

1. 将玉竹拣净；小麦、粳米淘洗干净。

2. 锅内盛水，加小麦、粳米，大火烧沸后转小火，放入玉竹、大枣。

3. 继续用小火煨粥 30 分钟，至粥熟烂即可。

补养功效

本品可活血补血，适用于因肝阴不足所致的经前紧张症。

红花黑豆汤　活血通经，祛淤止痛

原料

黑豆 50 克，红花 5 克。

调料

红糖适量。

做法

1. 将黑豆淘洗干净，并用清水浸泡 2 小时。

2. 往砂锅内注入清水，放入黑豆、红花，大火烧沸后转小火煲汤 30 分钟左右。

3. 加入红糖，继续用小火煲汤片刻，搅拌均匀即可。

补养功效

本品可活血通经、祛淤止痛，多用于血淤痛经、闭经、月经过少等。

乳腺增生

乳腺增生表现为乳房内出现肿块和乳房胀痛，在经前肿痛加重，经后减轻。还有的同时伴有乳头溢液，溢液颜色可呈淡黄色，也可呈棕褐色或鲜红色。与情志不畅、冲任失调有关，又因痰淤凝结而成块。其在食疗方面以补益肝肾、调摄冲任、化痰消块为原则。

宜食足量的维持代谢之物

乳腺增生与激素代谢紊乱有关，因此宜食足量的维持代谢以及有利乳腺康复的蛋白质，如肉、禽、蛋、乳品和大米、玉米、大豆等。

宜食富含维生素、纤维素的食物

宜食新鲜水果，比如苹果、梨、柑橘、葡萄等；新鲜蔬菜，如圆白菜、荠菜、青菜、白菜等；多食含纤维素丰富的食物，比如茭白、竹笋、芹菜等。这些食物含有大量的维生素有助于组织康复。

低脂饮食，防止肥胖

摄入过多的脂肪和动物蛋白及饮食无节制造成的肥胖，促进了人体内某些激素的生成和释放，刺激乳房腺体上皮细胞过度增生。日常应少吃油炸食品、动物脂肪、甜食及过多进补食品，忌食辛辣刺激性食物。

多吃碱性食品，改善自身的酸性体质

弱碱性食品：红豆、白萝卜、苹果、甘蓝、洋葱、豆腐等；中碱性食品：萝卜干、大豆、胡萝卜、番茄、香蕉、橘子、草莓、梅干、菠菜等；强碱性食品：葡萄、茶叶、海带、柠檬等。

在日常生活中，要有良好的心态应对压力，放松心情，保持情志舒畅；避免压力导致过劳体虚从而引起免疫功能下降、内分泌失调、代谢紊乱；同时要养成良好的生活习惯，保持生活规律，多参加户外活动，保持身体健康。

海带鳖甲猪肉汤　软坚散结，防治乳腺小叶增生

原料

海带、鳖甲、猪瘦肉各 65 克。

调料

盐、香油各适量。

做法

1. 海带用清水洗去杂质，泡胀，切块；鳖甲打碎；猪瘦肉洗净，切块。

2. 锅内盛水，大火烧沸后，放入海带、鳖甲、猪瘦肉，之后转小火共煮汤，汤成后加入适量盐、香油调味即可。

补养功效

本品具有软坚散结的功效。常饮此汤，不仅可防治乳腺小叶增生，还对预防乳腺癌有效，是价廉物美的食疗方。

刀豆木瓜肉片汤　解郁散结，适于乳腺小叶增生

原料

猪瘦肉、刀豆各 50 克，木瓜 100 克。

调料

料酒、水淀粉、葱花、姜末、盐各适量。

做法

1. 先将猪瘦肉洗净，切成薄片，放入碗中加盐、水淀粉，抓揉均匀；木瓜洗净，切成片；刀豆洗净。

2. 砂锅内放入刀豆，加适量水，煎煮 30 分钟，用洁净纱布过滤，取汁。

3. 将汁液倒入砂锅，大火煮沸，放入肉片，烹入料酒，再煮至沸，加木瓜、葱花、姜末，最后加盐，拌匀即可。

补养功效

本品具有疏肝理气、解郁散结的功效，适于乳腺小叶增生，证属肝郁气滞者。

外阴瘙痒

外阴瘙痒，多表现为外阴及阴道瘙痒不堪，甚或痒痛难忍，或伴有白带增多等现象，瘙痒严重者会影响工作和休息。其因湿热蕴郁肝经，或虫菌感染蕴阻阴户，或阴虚血燥脉络失养，阴部肌肤不荣而痒。因此在食疗方面应配以清热利湿、滋阴养血的食物。

多食清热生津之品

外阴瘙痒宜食甘润、清热生津的食物，如银耳、薏米、绿豆等。

适当补充维生素

适当补充维生素A、维生素B_2及叶酸，如鱼肝油、胡萝卜、动物肝脏、鱼类、杏、全麦、南瓜等食物。可减轻瘙痒症状，但不宜过量。

多食新鲜蔬果

食新鲜蔬菜与水果，如芹菜、马兰头、茼蒿菜、枸杞藤、生梨、苹果、芦柑、甜橙、西瓜、鲜葡萄、冬瓜等。

调整胃肠功能

以清淡而易消化、富含维生素的新鲜蔬菜和豆制品为佳；不食辛辣香燥的食物，如辣椒、韭菜、姜、胡椒等；禁忌烟、酒、浓茶、咖啡等刺激性食品；不食或少食肥甘厚腻之物；保持大便通畅。

不宜食热性食物

不宜食桂圆、羊肉、狗肉、鹿肉等热性食物，以免使阴液更伤，导致阴部肌肤失养。

需要注意的是饮食和睡眠，尽量清淡饮食，少吃或者不吃冰冷、辛辣等刺激的食物，多吃蔬菜水果，保持睡眠充足，不要有心理的负担，多与他人沟通，学会缓解压力。

其次，应该养成良好的卫生习惯，做到每日清洗私处；内裤要勤换，最好选择纯棉质地的内裤，并且清洗时也要特别注意，内裤最好是用温水手洗干净后，放到阳光充足的地方晾晒。

马齿苋粥　清热解毒，用于阴痒

原料

马齿苋 5 克，粳米 50 克。

做法

1. 将粳米淘洗干净；马齿苋拣净。

2. 锅内盛水，大火烧沸后加入粳米，之后转小火煨粥 30 分钟。

3. 待粥将熟时，加入马齿苋，再煮几沸即可。

补养功效

本品具有清热解毒之功，适用于湿热带下，阴痒。其中，马齿苋具有清热解毒、祛湿止带的功效。

薏米莲子甜粥　清热利湿，适用于白带多、阴痒

原料

薏米、莲子（去心）各 30 克。

调料

冰糖适量。

做法

1. 将薏米、莲子分别洗净。

2. 锅内盛水，大火烧沸后先放入薏米，再沸后转小火烧煮 10 分钟。

3. 放入莲子继续用小火烧煮片刻，放冰糖，搅拌均匀即可。

补养功效

本品可清热利湿、滋阴养血，适用于湿邪久蕴化热，白带多，阴痒。

卵巢保养

如果卵巢功能衰退或发生疾病，就会出现月经不调、卵巢萎缩、阴道干涩、排卵率低下、不孕、性生活障碍和性冷淡、易怒、抑郁、失眠，皮肤干燥、缺乏弹性等症。而卵巢保养得好，可以使面部皮肤细腻光滑，白里透红，促进生殖和身体健康。

经常食用富含植物性雌激素的食物

喝豆浆可以增加雌激素，对保养子宫和卵巢有很好的效果。用大豆、红豆、黑豆每天打豆浆喝，是非常安全的补充植物性雌激素的方式，应长期坚持。

牛奶、鱼、虾等食物所富含的植物性雌激素能弥补由于雌激素分泌不足对女性身体造成的影响。

经常食用富含维生素 C、维生素 E 之品

维生素 C、维生素 E 以及胡萝卜素是抗衰老的最佳元素，维生素 C、维生素 E 可延缓细胞因氧化而发生的老化。富含维生素 C 的食物有：柿子、青花菜、草莓、橘子、樱桃、番石榴、红椒、黄椒、猕猴桃等；富含维生素 E 的食物有：猕猴桃、坚果、瘦肉、蛋类、玉米、植物油。

多吃胡萝卜、多吃绿叶蔬菜

据研究发现，每周平均吃 5 次胡萝卜的女性，其患卵巢癌的可能性比普通女性降低 50%；富含叶酸的绿色蔬菜、柑橘类水果及全谷类食物，也是保护卵巢的“绿色食品”。

卵巢保养对于女性来说非常重要。在日常生活中要注意饮食适当，忌食生冷寒凉、炸烤、烟熏、腌制、辛辣食品；注意调节情绪，保持心情愉快，减少情绪刺激，尤其是忧思过度及心情郁闷者更容易引起卵巢不适；注意劳逸结合，多参加体育锻炼。

归参炖雌雪鸡

益肾补虚，用于女子性欲低下

原料

当归 20 克，太子参 30 克，小公鸡 1 只。

调料

料酒、生姜末、葱末、盐、香油各适量。

做法

1. 将小公鸡去杂，清洗干净；当归、太子参置于小公鸡腹内。
2. 砂锅内盛水，大火烧沸后，将小公鸡放砂锅内，倒入料酒、生姜末，之后转小火煲汤 1~1.5 小时。
3. 炖至肉熟烂时，加葱末、盐，起锅时倒香油一滴即可。

补养功效

本品可益肾补虚，适用于肾阳虚型女子性欲低下，表现为形寒肢冷，神疲体倦，纳少便溏，时有小腹冷痛，时感阴部寒冷，面色苍白或萎黄等。

温馨提示

本品中的小公鸡如用雪鸡（生长于新疆、西藏等地）代替，效果会更好。

夏草雌鸽补益汤　温中益肾，适宜女子性欲低下者

原料

冬虫夏草 10 克，雌鸽 1 只。

调料

盐、料酒、生姜末各适量。

做法

1. 冬虫夏草洗净，用清水浸泡 120 分钟；雌鸽去杂，清洗干净。
2. 将浸泡冬虫夏草的清水倒入砂锅内，大火烧沸，放入雌鸽、冬虫夏草，加料酒、生姜末，转小火煲汤 1.5 小时左右。
3. 待肉熟烂时，加盐调味即可。

补养功效

此汤可温中益肾、强精壮阳。适合于肾阳虚型女子性欲低下者食用。

黄豆核桃糯米粥　延缓衰老，保持卵巢健康

原料

黄豆 60 克，核桃 3 个，糯米 50 克。

做法

1. 黄豆用水浸泡 30 分钟；核桃砸开，取仁；糯米淘洗干净。
2. 糯米加适量水放入锅中，大火烧开后再转小火，然后加黄豆、核桃仁煨粥 30 分钟左右。
3. 待粥熟烂时，将粥搅拌均匀即可。

补养功效

常食此粥可抗衰老，并对保护卵巢健康较有益处。

花生猪蹄汤　延缓衰老，预防卵巢早衰

原料

红皮花生米、莲子各 50 克，大枣 5 枚，猪蹄 2 个。

调料

生姜 2 片，盐适量。

做法

1. 先将猪蹄去毛洗净，砂锅内加水大火烧沸后放入猪蹄，后转小火煲汤 1 小时。

2. 之后将花生、大枣和莲子放进砂锅内，同煮 1 小时。

3. 炖汤至猪蹄肉熟烂时，加盐调味即可。

补养功效

本品可加速新陈代谢，延缓机体衰老的功效，可用于预防卵巢早衰，还宜于经常四肢乏力、两腿抽筋、麻木者食之。

奶白鲫鱼汤　增强免疫功能，保护卵巢

原料

鲫鱼 300 克，嫩豆腐 200 克。

调料

色拉油、生姜片、蒜、葱花、香菜末、盐各适量。

做法

1. 将鲫鱼去鳞、去其内脏和腮，洗净，控干水分；豆腐切块。

2. 锅内下油，油热后，放入姜、蒜炒香，放入鲫鱼转小火反正面煎制，待鱼皮变黄，加适量开水转小火慢炖。

3. 15 分钟后，加入豆腐块继续炖 5 分钟，加盐、香菜末、葱花出锅即可。

补养功效

本品具有建造修复、维持免疫功能的作用，并能够很好的保护卵巢。

慢性前列腺炎

慢性前列腺炎常会阴部或直肠内有不适或疼痛感，疼痛可放射至腰骶或耻骨上、睾丸、腹股沟等处，并有排尿不适、尿频、尿急、排尿有灼热感，有时尿痛严重，在大小便终末时尿道口常有乳白色分泌物滴出。有的还可伴神疲乏力、腰酸背痛、遗精、早泄等。

选偏凉食物

前列腺炎为下焦湿热毒邪淤滞所致，宜选用偏凉性的食物，比如梨、广柑、甘蔗、香蕉、芹菜等。

多食利尿之物

可适当地食用有淡渗利湿或有利尿作用的食品，如绿茶、赤小豆、绿豆、薏米、车前子等，使湿热下泄。

搭配滋阴之品

建议多吃清热生津、养阴润肺的食物，如百合、糯米、蜂蜜、花生、鲜山药、银耳、大枣、莲子、甘蔗等清补柔润之品。也可以多吃芝麻、核桃等滋阴补肾的食物。

保持大便通畅

宜多饮开水，通过排尿冲洗尿道；保持大便通畅，选用含纤维素比较丰富或者有润肠作用的食物，比如荠菜、芹菜、萝卜、蜂蜜等。

忌辛辣食品

大葱、生蒜、辣椒、胡椒等刺激性食物会引起血管扩张和器官充血，某些慢性前列腺炎者有吃辛辣的饮食习惯，常常在疾病症状较重时能够节制，但症状缓解时又故态复萌，此举会导致前列腺炎迁延难愈。

前列腺炎是由湿热毒邪迫于下焦，蕴结不散所致。因此在食疗方面需配以清热解毒、利水化湿的食物。

如果属于慢性肾气虚者，可配合补益肝肾的食物调养。

桑葚薏米绿豆汤　清热解毒，用于伴腰酸

原料

桑葚 60 克，薏米、绿豆各 30 克。

调料

白糖或冰糖适量。

做法

1. 将桑葚拣净；薏米淘洗干净；绿豆用冷水浸泡数时。

2. 砂锅内加水 4 碗，大火烧沸后，放入桑葚、薏米、绿豆，水煎汁至 2 碗。

3. 加白糖或冰糖，拌匀取汁饮。

补养功效

本品具有清热解毒、利水化湿、补益肝肾之功，用于慢性前列腺炎，伴腰酸、口舌糜烂症状者。

车前陈皮粱米粥　清热利尿，用于小便淋痛

原料

车前子 30 克，陈皮 8 克，通草 5 克，绿豆 25 克，高粱米 50 克。

做法

1. 将车前子、陈皮、通草装入纱布袋，煮汁去渣。

2. 取汁液，与绿豆、高粱米同放锅内，小火煮至粥成即可。

补养功效

本粥具有清热利尿、渗湿止泻、明目、祛痰的功效，适用于慢性前列腺炎小便淋痛，老人慢性前列腺炎者尤为适宜。

空腹食，连食数日。

类风湿性关节炎

类风湿性关节炎好发于手、足等小关节。早期多表现为易疲劳、食欲不振、体重减轻、低热、手足麻木等，逐渐出现关节疼痛僵硬，特别是早晨起床时更为明显；严重时关节可肿胀积液。食疗对其有良好的辅助功效。

多食富含蛋白质和维生素的食物

应多食富含蛋白质和维生素的食物，如豆浆、瘦肉、鳝鱼等。如有贫血和骨质疏松，还需补充铁剂、维生素D和钙剂。

选祛湿祛风之品

饮食上应选择容易消化的食物，烹调方式应以清淡爽口为原则。尽可能减少脂肪的摄取，热量来源要以糖类和蛋白质为主，若是体重超过标准，要逐渐减轻体重。

可吃些开胃的食物如大枣、薏米等，尤其薏米具有祛湿祛风的作用。

急性发作期食宜偏凉，平素宜偏热

关节炎急性发作期，或素体阳热内盛，或阴虚内热者，饮食宜偏凉。

除急性发作期外，以偏热性食物为宜。盛夏需注意少食冷饮之类。

根据不同发展阶段决定饮食

需根据各人的情况和病症的不同发展阶段来决定饮食。初中期以清淡平补为宜，晚期消瘦贫血严重宜温补填精，如鳝鱼、鳗鱼等，注意不可过食肥腻甘甜之物。

类风湿性关节炎主要是由风寒湿邪侵袭人体经络关节，气血闭阻不能通畅，引起关节酸痛、麻木、屈伸不利等。如风邪偏胜，疼痛游走不定；如寒邪偏胜，则疼痛尤剧；如湿邪偏胜，则肢体困重、肌肤顽麻不仁；还有的素体热盛，再受风寒湿邪，则关节红肿灼热，疼痛特别明显。食疗需根据各人不同的情况来决定。

归芎煲黄鳝　祛风湿，对风寒痹痛有益

原料

川芎 10 克，当归 12 克，桂枝 5 克，大枣 5 枚，黄鳝 200 克。

调料

盐适量。

做法

1. 大枣浸软去核；黄鳝去杂，汆水，刮去黏液，切长段。

2. 往砂锅内注入清水，放入川芎、当归、黄鳝、桂枝、大枣，大火烧沸后，转小火煲汤 1 小时。

3. 食用前加盐调味即可。

补养功效

本汤具有祛风湿、强筋骨、补虚损的功效，对筋骨酸痛、腿脚无力、风寒痹痛均有裨益。

温馨提示

本品需要注意川芎的用量不宜过多。

凡阴虚火旺、舌红口干、上盛下虚及气虚之人忌用，月经过多者、孕妇亦忌用。

防己黑豆猪蹄汤　健腰腿，适宜骨节烦痛者

原料

防己 20 克，黑豆 100 克，猪蹄 1 只。

调料

生姜 2 片，盐适量。

做法

1. 防己拣净；黑豆浸泡 2 小时；猪蹄斩块，汆水。
2. 往砂锅内注入清水，放入防己、黑豆、猪蹄、生姜片，大火煮沸后，转小火煲汤 1.5 小时。
3. 食用前加盐调味即可。

补养功效

本品具有祛风湿、利水消肿、健腰腿的功效。适于骨节烦痛、屈伸不利者饮用。

金银花菊花粥　清热消肿，用于急性期关节红肿

原料

金银花、白菊花各 8 克，粳米 50 克。

调料

白糖适量。

做法

1. 将金银花、白菊花拣净；粳米淘洗干净。
2. 锅内盛水，将金银花、白菊花水煎取浓汁，与粳米放锅内，加水煮粥至稠熟。
3. 最后加入白糖即可。

补养功效

本品具有清热、消肿的功效。适用于急性关节炎期关节红肿，心烦、食欲不佳。

白扁豆大枣粥　化湿，多用于缓解期

原料

白扁豆 25 克，大枣 5 枚，粳米 50 克。

做法

1. 将白扁豆洗净，用温热水泡胀。

2. 砂锅内加水，放入白扁豆、粳米，用大火煮沸，再改用小火煮熟。

3. 加大枣，用小火煮至粥稠厚即可。

补养功效

本品具有化湿、补虚之功，多用于类风湿性关节炎缓解期，关节肿胀钝痛、手足困重、肌肤麻木、消化不良、食欲不振、便溏明显。

五加皮炖母鸡　祛风除湿，民间验方

原料

老母鸡 1 只，五加皮 60 克。

调料

生姜 3 片，盐适量。

做法

1. 将老母鸡去杂，洗净。

2. 砂锅内盛水，大火烧开后，放入老母鸡、五加皮，加生姜片。

3. 转小火煲汤 1~2 小时，至肉熟烂，加盐调味即可。

补养功效

本品具有祛风除湿、活血止痛的功效，民间多用于肝肾亏损、痰湿凝结型类风湿性关节炎。

待症状减轻后，隔 3~5 天再食用一次。

骨质疏松

骨质疏松多见于老年人，指单位体积内骨组织减少，影响骨骼的结构功能，容易发生疼痛。食疗应采用益肾健脾的食物。

兼顾各种营养素

防治骨质疏松，应在日常生活中兼顾各种营养素，如钙、磷、蛋白质、脂肪、胆固醇和维生素D等的平衡。多吃含钙丰富的食物，如牛奶和奶制品、绿叶蔬菜等。

重视蛋白质的摄入量。富含动物蛋白的食品有各种家禽肉、蛋类、猪瘦肉、各种鱼等。富含有植物蛋白的食品有豆制品、豆类、麦类和各种面粉制品。

适量进食

饮食应适应不同年龄段人群的消化功能，适量增加进食次数，保持良好食欲。避免为补养骨骼而盲目连续食单一的荤腥油腻之物，如猪骨汤、甲鱼汤等。

多食健脾益胃之物

健脾养胃食物有助于肠道吸收，如山药、扁豆、猪肚等。

宜食益肾食品

宜多食益肾食品，如核桃仁、芝麻、黑木耳、鸽肉、海虾、淡菜等。

饮食应清淡

饮食宜清淡平和。过咸伤骨，辛辣烧烤食物耗阴，都应节制。食肉宜适度，过量则使钙相对不足。

40岁以后，肾气衰弱，性激素特别是雌激素分泌减少；老年则肠胃功能减弱，食物中缺钙或肠道钙吸收不良；活动减少，骨骼的血液循环减少，对骨骼的机械应力减弱。这些都使骨钙吸收速度大于形成，促使骨质疏松的发生。配以食疗和适当的运动锻炼，对改善骨质疏松有积极的作用。

排骨豆腐虾仁汤　强筋壮骨，滋养五脏

原料

猪排骨150克，北豆腐100克，虾仁20克。

调料

料酒、姜片、葱末、盐各适量。

做法

1. 排骨汆水，去掉浮沫；豆腐切块。

2. 砂锅内盛水，大火烧沸后，放入排骨，加姜片、料酒，转小火煲汤1小时。

3. 加豆腐块、虾仁继续用小火煲汤片刻，起锅时加入葱末、盐即可。

补养功效

本品可强筋壮骨、润滑肌肤、滋养五脏、清热解毒。对患有骨质疏松症的老年人尤其有益，可经常食用。

温馨提示

因豆腐中含嘌呤较多，对嘌呤代谢失常的痛风病人和血尿酸浓度增高者忌食；脾胃虚寒、经常腹泻便溏者忌食。

核桃粉牛奶　补肾固精，补虚损

原料

核桃仁 20 克，牛奶 250 毫升。

调料

蜂蜜 20 克。

做法

1. 核桃仁洗净，晒干或烘干，研为粗末，备用。

2. 牛奶倒入砂锅内，用小火煮沸，调入核桃仁粉，拌匀，再煮至沸，停火。

3. 加入蜂蜜，搅拌均匀即可。

补养功效

本品具有补肾固精、补虚损的功效，对肾阳虚型骨质疏松症尤为适宜。

虾仁粥　补肾益气，健身壮力

原料

虾仁 100 克，粳米 50 克。

调料

葱花适量。

做法

1. 粳米淘洗干净；虾仁切碎末。

2. 锅内盛水，大火烧沸后，放入粳米，用小火煨粥 15 分钟。

3. 放入虾仁末，继续用小火煨粥至虾仁熟烂，起锅时撒上葱花即可。

补养功效

本品有补肾益气、健身壮力之功，不仅适合骨质疏松的老人食用，也适宜小儿食用。

海带菠菜黄豆汤　强筋生髓

原料

海带30克，菠菜100克，黄豆15克。

调料

盐、香油各适量。

做法

1. 海带泡发，洗净，切丝；黄豆泡发；菠菜洗净，切段。
2. 锅内盛水，大火烧沸后放入海带丝，转小火煲汤15分钟。
3. 加泡发好的黄豆，煮沸后，倒入菠菜段，同煮10分钟，加盐，淋香油即可。

补养功效

本品具有强筋生髓的功效，适用于骨质疏松症及高血压、高血脂等。

核桃糙米粥　补养气血，强筋健骨

原料

赤小豆20克，核桃3个，糙米30克。

调料

红糖适量。

做法

1. 糙米、赤小豆淘洗干净；核桃取仁。
2. 锅内盛水，煮沸后，倒入糙米和赤小豆，小火煨粥约30分钟。
3. 加入核桃仁以大火煮沸，转小火至核桃仁熟软，加红糖续煮5分钟即可。

补养功效

本品具有补养气血、强筋健骨之功，能有效预防骨质疏松及改善睡眠质量，可经常食。

大枣猪骨汤
补阴益髓，用于骨质疏松日常保健

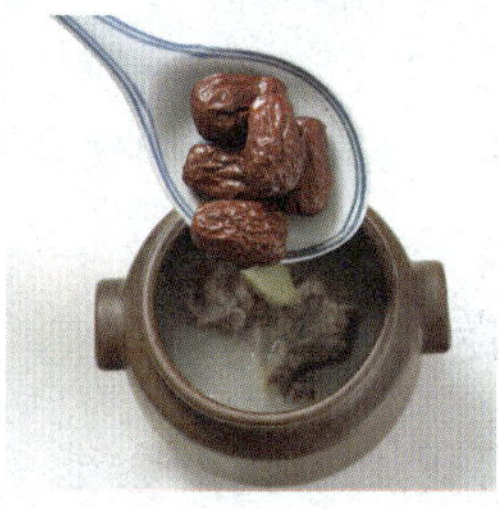

原料

猪骨 300 克，大枣 5 枚。

调料

生姜 1 块，醋 1 小匙，盐适量。

做法

1. 大枣浸软去核；生姜切片；猪骨斩块，洗净。

2. 放一锅清水，放入洗净的猪骨，用大火烧开后，此时水面上会出现一层泡沫，这就是被煮出来的猪骨里的血水、浮沫，把猪骨捞出放在温水里洗净，将水倒掉。

3. 砂锅内盛六成满的清水，煲汤时要一次性加入足够的水，中途尽量不要再加水（如果一定要加水的话，也要加入热水）。锅内的水烧沸后倒入猪骨，放入生姜片。

4. 加 1 小匙醋，可以使猪骨中的钙能够溶入汤汁中，也会使汤更加鲜美。但醋不要放太多，否则会影响猪骨汤的味道。

5. 锅再沸时，转小火煲汤 1~2 小时。小火慢煲，可以使食材的营养物质慢慢释放到汤内。

6. 将大枣倒入砂锅中继续煲汤 30 分钟，至猪骨熟烂，起锅加盐调味即可。

补养功效

本汤具有益气补血、健脾和胃、补阴益髓的作用，适宜骨质疏松者日常保健饮用。

温馨提示

骨头汤中的营养成分容易被人体吸收，所以人人皆可食，儿童和中老年人尤为适宜。

需要注意的是：感冒发热期间、急性肠道炎感染者应忌食或少食；骨折初期不宜饮用猪骨汤，中期可少量进食，后期饮用可达到很好的食疗效果。

骨折

四肢骨折后，常出现局部肿胀、疼痛，功能障碍等表现，断端移位则呈现畸形。全身可能会出现发热、口渴、烦躁、尿赤等现象。食疗要以改善食欲为先，食欲良好则任何有益食物都有益，食欲不佳即使再有益的食物也无助。

需静养，忌刺激

骨折者要静养，忌刺激，因此咖啡、浓茶、烈性酒应严格禁忌。

骨折后忌食过于寒凉的食物

骨折后淤血不去则新骨不长，血喜温而恶寒，因此骨折后也忌食过于寒凉的食物，如冷饮、生梨等。酸性收敛不利于淤血化散，如梅子、话梅、白醋等酸性食物也不宜食。

骨折早期忌食辛辣刺激、油腻之物

骨折早期淤凝气滞，淤血易化热而出现全身症状。因此骨折早期忌食辛辣刺激和温热燥烈食物，如辣椒、咖喱、羊肉等。

骨折后活动量减少可使消化功能减弱，油腻煎炸食物难以消化，故不宜食用。另外，猪骨煮汤极为油腻，在骨折后早期应当忌食或少食。

新骨生长要多补充钙、磷、蛋白质

新骨生长要多补充钙、磷、蛋白质，宜食含钙、磷或优质蛋白质丰富、易于消化吸收的食物，如牛奶、猪瘦肉、牛肉、蛋、禽类、鲫鱼、鳜鱼等。

骨折食疗应遵循早期去淤血，中期调和气血、健脾养胃，后期健筋壮骨，局部与全身兼顾的调养原则。民间传统认为以骨补骨，但需根据各人情况、体质、食欲酌情进食，并注意饮食方法。

需要特别注意的是，早期不宜进食骨头汤，可在中后期长新骨时适量饮用。

扁豆山药瘦肉羹　健脾补虚，适宜骨折后期

原料

白扁豆、瘦肉末各 50 克，鲜山药 100 克。

调料

盐、水淀粉各适量。

做法

1. 将鲜山药去皮，切小块。

2. 锅内盛水，大火烧沸后加白扁豆、鲜山药，转小火煮至酥烂。

3. 放入瘦肉末，煮沸，加盐，以水淀粉勾芡搅拌均匀作羹即可。

补养功效

本品具有健脾补虚之功，多适用于骨折中后期脾虚便溏、食欲不佳。

鲫鱼汤　祛湿消肿，用于骨折后期体肿不消

原料

鲫鱼 250 克。

调料

生姜 3 片，葱 2 段，花椒 7 粒，盐适量。

做法

1. 鲫鱼去杂，洗净；将生姜片、葱段、花椒纳入鱼腹中。

2. 砂锅内盛水，大火烧沸后放入鲫鱼，小火煲汤 1 小时至鱼肉熟烂时加盐调味即可。

补养功效

本品具有祛湿消肿之功，经常用于骨折后期体肿不消，活动不利。

同时用生姜 50 克、带根葱 5 段、花椒 3 克，水煎熏洗患肢。

跌打、损伤

跌打、损伤包括跌仆伤、殴打致伤、闪挫、刺伤、擦伤、运动损伤等，伤处多有疼痛、肿胀、出血或骨折、脱臼等。食疗早期应以解毒清热为主，后期则应以清淡平补的调养食物助益气血以生肌长力。

饮食应易消化

跌打、损伤后饮食应易于消化，慎用对呼吸道和消化道有不良刺激的辛辣食品，如辣椒、生姜、芥末、胡椒等。在全身症状明显的时候，应给予介于正常饮食和半流质饮食之间的软饭菜，供给的食物必须少含渣滓，便于咀嚼和消化，烹调时须切碎煮软，不宜油煎、油炸。

宜食健脾食物

创口破溃，久不愈合则宜服健脾生肌的食物，如山药、鲫鱼、猪肘、蹄筋等。

促进创面愈合，减少瘢痕或使瘢痕光滑，宜用珠粉、牛奶之类的润肤食物。

选清热解毒之品

损伤早期需清热解毒，宜食绿豆、金银花、芹菜等凉血、清热、解毒的食物。

损伤日久易致气血俱虚，宜食滋补气血的食物。

忌食辛辣发物

忌食辛辣刺激食物和海鲜发物，以及兴奋刺激食物。如海虾、带鱼、咸菜等。

严重者，需补气血

损伤较重者气血俱虚，可多食滋补气血的食物。如党参、西洋参、黄芪、何首乌、熟地黄、大枣、山药等。

养人物语

损伤发生后，应先消除骨折。有时虽然损伤不大，但老年人或由于受力的关系，常常有撕脱性骨折，或疲劳性骨折而被误认为只是伤筋而不加以重视，耽误了治疗时机。

在调理期间应少做剧烈运动和极限动作，避免再次受伤。

牛肉粥　补虚壮健，用于后期体虚未复

原料

牛肉、粳米各 50 克。

调料

葱花 2 克，生姜 2 片。

做法

1. 将牛肉切碎。

2. 砂锅内盛水，大火烧沸后，放入牛肉末、葱花、生姜片，再放粳米。

3. 水再沸后，转小火煨粥约 30 分钟，至肉熟烂即可。

补养功效

本粥具有安中益气、养脾胃、补虚壮健、强筋骨的功效。可用于跌打损伤后期体虚未复。

归芪鸡汤　强筋骨，用于骨折后的恢复调养

原料

嫩母鸡 1 只，当归 20 克，黄芪 20 克。

调料

生姜 2 片，料酒、盐各适量。

做法

1. 将嫩母鸡洗净，切块；当归、黄芪拣净。

2. 往砂锅内注入清水，大火烧沸后放入母鸡，倒入料酒，转小火煲汤 1 小时。

3. 放入当归、黄芪继续用小火煲汤 1 小时，食用前加盐调味即可。

补养功效

此汤具有补气血、强筋骨的功效。常用于跌打骨折后的恢复调养。

慢性腰部劳损

慢性腰部劳损，多表现为腰痛绵绵，时轻时重，腰背经络板滞不舒，劳后加剧，但腰部活动尚可，局部有压痛或压痛不明显。常因长期在不良姿势下操劳，或腰部肌肉韧带过久处于紧张状态，或腰背经络因感受风寒湿邪，以及反复多次扭损腰部所致。

宜食温性食物，少食生冷寒凉食物

食品宜偏温，可饮少量低度酒、黄酒及葡萄酒类，但不宜过多。

要注意避免过多地食用生冷寒凉的食物，即使在夏天，也不宜多饮冰冻的饮料。性寒凉的水果如西瓜，也不宜一次进食太多。

肝肾亏损者，应固腰补肾

若年老肝肾亏损，同时伴阳痿、性功能减退或女性带下者，应固腰补肾。食疗应以补益肝肾为主，可多食核桃肉、黑豆、蚕豆、黑鱼、杜仲、雪蛤、菟丝子、芝麻、牛肉、狗肉等。

风寒湿邪所致，先祛风除湿

慢性腰部劳损因风寒湿邪所致者，食疗应以祛风除湿为主，可食苍耳子、黄鳝、泥鳅、蚯蚓、海鳗等。

气滞血淤者以理气活血为主

若痛无定处，咳嗽、深呼吸或转侧时疼痛者，多因气滞、气机不利及气血不和所致，食疗应以理气活血的食物为主，如淡菜、李子、桃子、羊血、鸡血、橘子、柚子、金橘、西瓜子等。

慢性腰部劳损，好发于体力劳动者和中老年人。平时需加强腰背肌及脊椎间韧带的锻炼和保护，在体育运动或搬抬重物前要做好准备活动，防止突然用力扭伤腰部。

经常参加太极拳、五禽戏、腰部健身体操等锻炼，对预防腰肌劳损很有益处。

猪腰杜仲汤　益肝养肾，用于肝肾亏损腰痛

原料

猪腰1只，杜仲7克。

调料

生姜2片，葱2段，盐适量。

做法

1. 猪腰去筋，洗净，切片；杜仲加水煎汁。

2. 将猪腰片放杜仲汁内，加姜片、葱段小火煲汤。

3. 食用前加盐调味即可。

补养功效

本品具有补养肝肾之功，常用于因肝肾亏损而引起的腰痛。

枸杞羊腰粥　固精益肾，适宜肾虚腰痛

原料

枸杞子20克，羊腰1只，粳米50克。

调料

盐适量。

做法

1. 羊腰去筋膜臊腺，洗净切碎；枸杞子洗净；粳米淘洗干净。

2. 锅内盛水，大火烧沸后放入粳米、羊腰，转小火煨粥25分钟。

3. 加枸杞子继续用小火煨粥片刻，食用前加盐调味即可。

补养功效

本品具有固精益肾作用，适用于老年肾虚腰痛、膝软及足跟痛。

高血压

高血压以动脉血压升高为主要表现，能引起脑、心、肾等器官的损害。多发于中年以上人群，尤其是中年以上的脑力劳动者。高血压的食疗，以减少钠盐、减少膳食脂肪并适量补充优质蛋白质为原则。

饮食宜清淡

高血压患者饮食宜清淡，宜用高维生素、高纤维素、高钙、低脂肪、低胆固醇食物。

多吃粗粮、杂粮

提倡多吃粗粮、杂粮、新鲜蔬菜、水果、豆制品、瘦肉、鱼、鸡等食物，提倡植物油，少吃猪油、油腻食品及白糖、辛辣、浓茶、咖啡等。

降低食盐量

吃钠盐过多是高血压的致病因素，而控制钠盐摄入量有利于降低和稳定血压。据研究发现，对高血压者每日食盐量由原来的10.5克降低到4.7~5.8克，可使收缩压平均降低4~6毫米汞柱。

饮食有节

做到一日三餐定时定量，不过饥过饱，不暴饮暴食。

科学饮水

研究证明，硬水中含有的钙、镁离子是参与血管平滑肌细胞舒缩功能的重要调节物质，缺乏易使血管发生痉挛导致血压升高。因此高血压者，要尽量饮用硬水，如泉水、深井水、天然矿泉水等。

戒烟、戒酒

烟、酒是高血压病的危险因素，烟、酒有增高血压并发心、脑血管病的可能，酒还能降低病人对抗高血压药物的反应性。因此高血压者应严格戒烟戒酒。

常用的降压食物有：芹菜、茼蒿、苋菜、黄花菜、荠菜、菠菜、茭白、芦笋、白萝卜、胡萝卜、荸荠、冬瓜、番茄、山楂、柠檬、桑葚、菊花、芝麻、豌豆、蚕豆、绿豆、玉米、荞麦、花生、核桃、葵花子、莲子心、海带、紫菜、青菜、牛奶（脱脂）、食醋、豆制品、黑木耳、银耳、香菇等。

胡萝卜芹菜猪骨汤　清热利水，降血压

原料

胡萝卜100克，芹菜200克，猪骨300克。

调料

生姜2片，料酒、盐各适量。

做法

1. 以上材料分别洗净；芹菜去叶及头，切段；胡萝卜去皮切厚片；猪骨斩块，汆水。

2. 往砂锅内注入清水，放入猪骨，倒入料酒，加生姜片，转小火煲汤1小时。

3. 加芹菜、胡萝卜，继续用小火煲汤约30分钟，食用前加盐调味即可。

补养功效

本汤具有清热利水、降血压、降血脂、补虚益髓的作用，对高血压、高血脂尤为适宜。

温馨提示

常吃芹菜，对预防高血压、动脉硬化等都十分有益。需注意脾胃虚寒、肠滑不固、血压偏低者，婚育期男士应少饮此汤，因为本品中的芹菜具有清热、杀精功效。

海带瘦肉粥　降压，改善血栓引起的血压上升

原料

海带20克，猪瘦肉150克，粳米50克。

调料

盐适量。

做法

1. 干海带用温水泡发，择洗干净，切丝；猪肉洗净，切细丝。

2. 粳米淘洗干净，放入锅中，加适量清水，浸泡5分钟后，用小火煨粥，待粥沸后，放入海带丝、猪肉丝，煮至粥熟。

3. 食用前加盐调味即可。

补养功效

本品能改善血栓和因血液黏性增大而引起的血压上升，对高血压者十分有益，且对预防心血管疾病有一定的作用。

八宝粥　降压，防衰老

原料

黑芝麻、核桃仁、燕麦、荞麦、玉米渣、黄豆、何首乌粉、藕粉各10克。

调料

蜂蜜适量。

做法

1. 将黑芝麻、燕麦、荞麦洗净；黄豆洗净，泡发。

2. 锅内盛水，大火烧沸后将以上八种食材放入锅中，用小火煨粥。

3. 待粥熟烂，稍放凉后加蜂蜜即可（血糖高者勿加）。

补养功效

此粥可降压、降脂、降糖、降胆固醇，还能保护心脑肾血管。

芹菜山楂粥

降压，调节血脂

原料

芹菜、粳米各50克，山楂15克。

做法

1. 芹菜去叶，洗净，切成小丁；山楂洗净，切片。
2. 粳米淘洗干净，与适量水同放入锅中，煮开后转成小火熬至软烂。
3. 放入芹菜丁、山楂，再煮10分钟左右即可。

补养功效

本品是上好的降压食疗方，同时还可调节血脂及降低胆固醇含量。高血压者可常食之。

决明子菊花粥

清肝降火，平肝潜阳

原料

炒决明子12克，白菊花9克，粳米50克。

调料

冰糖少许。

做法

1. 将决明子、白菊花共煎汁，去渣。
2. 粳米淘洗干净，与决明子、白菊花汁一同煮粥。
3. 待粥熟时，加冰糖搅拌均匀即可。

补养功效

本品具有清肝降火、平肝潜阳的功效，适用于目赤肿痛、头晕、头痛、高血压、高血脂、便秘等。

高血脂

高血脂会加速全身动脉粥样硬化，一旦动脉被粥样斑块堵塞，就会导致严重后果。高血脂是脑卒中、冠心病、心肌梗死、心脏猝死主要的危险因素。

控制脂肪的摄入

控制脂肪，尤其是饱和脂肪酸的摄入，比如肥肉、猪油、奶油等。在膳食总热量中，老年人脂肪的摄入量应小于20%。做菜烧汤，尽量少放动物油。

减少胆固醇的摄入

减少食物中胆固醇的摄入量。动物内脏含胆固醇较高，尽可能少吃。多吃甲鱼对降低胆固醇有非常显著的效果。

多摄入不饱和脂肪酸

食物中含有饱和脂肪酸的脂肪可使血液胆固醇增高，而含有不饱和脂肪酸的脂肪能降低血液胆固醇。大多数植物油，如玉米油、芝麻油、豆油等均有降低血清总胆固醇的作用。海鱼油的效果更好。

多吃豆类、豆制品

豆类、豆制品宜多吃，这类食品不含胆固醇，是膳食中的优质蛋白质来源，有降低胆固醇的作用。

忌用糖制甜食

不宜常吃的食物有：白糖、红糖、葡萄糖及糖制甜食，如糖果、糕点、果酱、蜜饯、冰激凌、甜饮料等。另外，含糖类较多的食物如土豆、山药、芋艿、藕、蒜苗、胡萝卜等应少用或减量食用。

防治高血脂的食物有：香菇、黑木耳、鱼类尤其是来自深海的冷水鱼类、大豆、大枣、无花果、燕麦麸、大蒜、海带、洋葱、茄子、菜花、苦瓜、芹菜、绿豆芽、黄瓜、山楂、苹果、香蕉、荔枝、猕猴桃等。

银耳山楂羹　降血脂，强心，抗心律失常

原料

银耳 20 克，山楂 40 克（干品 20 克）。

调料

白糖 1 匙。

做法

1. 银耳拣净，用冷水浸泡后切碎；山楂切片。
2. 砂锅内加清水，大火烧沸后倒入银耳、山楂。
3. 用小火煲汤 30 分钟，至银耳烂，汁糊成羹离火。
4. 加白糖调味即可。

补养功效

本品具有防治心血管疾病、降低血压和胆固醇、软化血管、防治动脉硬化、防衰老、抗癌的作用。尤其适于高血脂者食用。

温馨提示

需要注意的是：孕妇莫食本品。因其所含的山楂有破血散淤的作用，能刺激子宫收缩，可能诱发流产。但产后服用可促进子宫复原。

玉米须香菇豆腐汤　降血脂，降胆固醇

原料

玉米须 60 克，豆腐 120 克，水发香菇 20 克。

调料

盐适量。

做法

1. 玉米须煮汤取汁；豆腐切厚片；水发香菇切条。
2. 往砂锅内注入玉米须汁，放入豆腐、香菇，小火煮煲汤约 20 分钟。
3. 食用前加盐调味即可。

补养功效

本品具有降血脂、降胆固醇的作用，适于高血脂、高血压者饮用。

海带绿豆粥　降血脂，降压

原料

鲜海带或水发海带 100 克，绿豆 50 克。

做法

1. 将海带洗净，切丝；绿豆淘洗干净。
2. 锅内盛水，大火烧沸后，放入海带、绿豆。
3. 用小火煲汤，至绿豆熟烂即可。

补养功效

本品具有消脂降压之功，对心脏病、糖尿病、高血压有一定的防治作用。适用于高血脂、高血压痰热蕴盛者。

黑木耳炖豆腐　降血脂，可防止血栓形成

原料

水发黑木耳 50 克，豆腐 200 克。

调料

色拉油、葱末、姜末、盐各适量。

做法

1. 黑木耳泡发，去杂洗净，撕成小片；豆腐切成片。
2. 待锅内油热后，投入葱末、姜末煸香，加入豆腐、黑木耳，大火烧沸后，改为小火炖至豆腐软熟。
3. 食用前加入盐调味即可。

补养功效

本品可融解血栓、防止血液凝聚，因其中的黑木耳具有降甘油三酯之功，从而使血液黏稠度降低，防止血栓形成。

冬瓜海带汤　降血脂，降甘油三酯

原料

干海带 50 克，冬瓜 100 克。

调料

米醋适量。

做法

1. 冬瓜洗净去瓤籽，连皮切成块。
2. 海带用冷水泡发，洗净，切丝。
3. 将冬瓜块和海带煮成汤，起锅后加米醋即可。

补养功效

冬瓜可防止体内脂肪堆积，血脂胆固醇增高；海带可抑制胆固醇的吸收。冬瓜配海带既利尿又通便，还可降血脂、降甘油三酯。

糖尿病

糖尿病，主要表现为“三多一少”，即多饮、多尿、多食、体重减少。其形成主要由于素体阴虚，加上长期过食肥甘、醇酒厚味，导致脾胃运化失司，积热内蕴，化燥伤津及情志失调、劳欲过度而成。食疗以清淡饮食为主。

减少主粮摄入，增加蛋白质摄入量

减少糖类（主粮）的摄入量，可采取骤减或递减的方法。

适当增加蛋白质摄入量，有助于维持体力活动的需要，如瘦肉和鱼虾等。

限制饮食中胆固醇的含量

因糖尿病者病情控制不好时，易使血清胆固醇升高，造成糖尿病血管并发症，冠心病等。所以需限制胆固醇的摄入量，故应不用或少用肥肉和动物内脏，如心、肝、肾、脑等。

严格控制含糖食物和含糖饮料

含糖食物和含糖饮料要严格控制。比如白糖、红糖、冰糖、葡萄糖、麦芽糖、蜂蜜、巧克力、奶糖、水果糖、蜜饯、水果罐头、汽水、果汁、甜饮料、果酱、冰激凌、甜饼干、蛋糕、甜面包及糖制糕点等。

提倡少食多餐

饮食控制时，要注意饥饱适度，可少食多餐。糖尿病者食量并不是越少越好，经常处于饥饿状态，血糖反不易控制。而少食多餐可使血糖稳定在某一阶段。

健康的生活习惯对控制糖尿病病症非常重要，良好的生活习惯不但可以预防糖尿病发生，还可以控制糖尿病病情发展。据研究发现，紧张、激动、压抑、恐惧等不良情绪会引起血糖升高。

豆腐苦瓜汤　降低血糖，祛暑清热

原料

豆腐 100 克，苦瓜 150 克。

调料

色拉油、葱花、盐、酱油各适量。

做法

1. 苦瓜去籽切片；豆腐切片；葱切葱花。

2. 烧锅下色拉油，待油热时，放入苦瓜煸炒，加盐、酱油、葱花，加清水，放入豆腐。

3. 小火烧汤约 15 分钟，至汤入味即可。

补养功效

本品具有降低血糖、祛暑清热、生津润燥、清热解毒、调和脾胃的功效。适于糖尿病者经常食用，也适于夏季清凉解毒之用。

温馨提示

本品不宜过量食用，过量易引起恶心、呕吐等。因苦瓜性凉，多食易伤脾胃，所以脾胃虚弱的人要少饮苦瓜汤。另外，苦瓜会刺激子宫收缩，引起流产，因此孕妇要慎食苦瓜。

玉米须空心菜汤　清热利尿，降血糖

原料

玉米须 30 克，空心菜梗 60 克。

调料

盐适量。

做法

1. 玉米须、空心菜梗洗净，空心菜梗切段。
2. 往砂锅内注入清水，放入玉米须、空心菜梗，大火烧沸后，转小火烧汤 30 分钟。
3. 食用前加盐调味即可。

补养功效

本品具有清热利尿、利胆、降血糖、降血压、解暑防热、通便的功效。适于高血压、糖尿病者饮用。

淮山薏米粥　治消渴，适宜各型糖尿病

原料

淮山药 10 克，薏米 30 克。

做法

1. 淮山药拣净；薏米淘洗干净。
2. 锅内加水，大火烧沸后放薏米、淮山药，小火煨粥约 30 分钟。
3. 待粥熟烂时，将粥搅拌均匀即可。

补养功效

山药性味甘平，不寒不燥，有补益脾胃和养肺滋肾之功；薏米味甘淡、性微寒，《本草纲目》和《本草拾遗》均载其能治消渴。本品食后有饱腹感，可减少饭量，对各型糖尿病患者均适宜，尤以脾胃虚弱、口渴善饥者为佳。

木瓜银杞凤爪汤

益气养胃，补肾益精

原料

木瓜、凤爪各 200 克，银耳 30 克，枸杞子 10 克。

调料

盐适量。

做法

1. 银耳用清水浸发，洗净，摘小朵；木瓜去皮瓤，切块；凤爪去脚趾，汆水。
2. 往砂锅内注入清水，大火烧沸后，放入木瓜、凤爪，转小火煲汤 30 分钟。
3. 再加入银耳、枸杞子继续煲汤 20 分钟，食用前加盐调味即可。

补养功效

本品具有益气养胃、平肝和胃、补肾益精、健脾气、舒筋骨的作用，适于糖尿病、高血压、血管硬化者调养饮用。

绿豆南瓜羹

健脾止渴，稳定血糖

原料

绿豆 50 克，南瓜 500 克。

做法

1. 绿豆淘洗干净；南瓜去皮，切块。
2. 锅内盛水，大火烧沸后放入绿豆、南瓜，用小火烧汤 30 分钟。
3. 待绿豆、南瓜熟烂时，搅拌均匀即可。

补养功效

南瓜有清热润燥、健脾止渴之功效，且其含有大量果胶，有促进人体内胰岛素分泌的功效；绿豆有消暑、利尿、解毒的作用，含大量人体必需的微量元素。本品适用于消谷善饥者，常食有稳定血糖之功。

痛风

痛风是人体内嘌呤物质的新陈代谢发生紊乱，引起血中尿酸过高，尿酸成为尿酸盐晶体沉积于关节、软组织、软骨、肾脏等处，多发人体各部位、关节剧烈疼痛的病症。

限制膳食中嘌呤的摄入量

限制膳食中嘌呤的摄入量，控制在每日 150 毫克以下。禁食含嘌呤高的食物，比如各种内脏、鸡汤、浓肉汤、鱼汤、沙丁鱼、鲳鱼、鳝鱼、鲇鱼、淡菜、菠菜等。

限制热量、蛋白质摄入

限制热量摄入，宜食粗粮、少食脂肪含量高的食物，烹调用油需完全选用植物油。

限制蛋白质摄入量，宜食含嘌呤低的食物，如牛奶、羊奶、各种蛋类等。

多食蔬果及含碱的食物

多食蔬菜水果及含碱的食物，比如加碱馒头、碱性矿泉水等。

尽量食用富含维生素 B_1、维生素 C 的食物，以促进组织内淤积的尿酸溶解。

多饮水、低盐、禁食辛辣之物

多饮水，以利于多排尿。心肾功能好者每日喝 2500~3000 毫升的水；少吃盐，每天应该限制在 2~5 克。

少用强烈刺激的调味品或香料，如辣椒、咖喱、胡椒、花椒、芥末、生姜等；忌食火锅；需戒烟、禁酒，尤其是啤酒。

痛风者可多吃的低嘌呤食物有：粳米、小麦、面类制品、高粱、土豆、甘薯、鲜奶、炼乳、奶酪、鸡蛋、猪血、鸭血、白菜、圆白菜、莴笋、芹菜、番茄、茄子、萝卜、黑木耳、苹果、香蕉、梨、芒果、橘子、橙、柠檬、葡萄、石榴、桃、金橘、西瓜、葡萄干、桂圆干、矿泉水、茶、果汁等。

萝卜柏子仁汤　养心安神，用于痛风发作

原料

白萝卜250克，柏子仁30克。

调料

植物油、盐各适量。

做法

1. 白萝卜洗净，切块；柏子仁拣净。
2. 锅内倒植物油烧热，放萝卜块煸炒，加柏子仁，倒入清水，同煮至熟。
3. 食用时加盐调味即可。

补养功效

本品具有养心安神、润肠通便之功，可用于虚烦不眠、心悸怔忡、肠燥便秘的调养，更适宜在痛风发作时食用。

芹菜粥　痛风急性发作时尤宜

原料

芹菜连根100克，粳米30克。

调料

盐适量。

做法

1. 将芹菜连根洗净，切成段；粳米淘洗干净。
2. 锅内盛水，用大火烧开，放入芹菜、粳米，然后移小火煨粥30分钟。
3. 待粳米熟烂成粥时，加盐调味即可。

补养功效

本品有清肝热、降血压、祛风、利湿、调经、降脂之功。痛风急性发作时尤宜。

心悸、心律失常

心悸，感觉心脏跳动不安，常伴有心慌的表现。多与失眠、健忘、眩晕、耳鸣等并存。

心律失常，轻者可无表现，重者可出现心悸、头晕、气促、胸闷或胸痛，甚则有昏厥、抽搐等症。

桂圆、莲子、大枣常作点心食

心悸宜食清淡而富有营养的食物，如蔬菜、豆类、猪肝汤等；此外桂圆、莲子、大枣常作点心食；心悸有淤而胸痛者，宜食小蒜、韭菜等。

以少食多餐为宜，忌辛辣刺激之食

忌食过饱，以少食多餐为宜。

心阴亏虚、心火旺盛者，忌辛辣刺激食物和烟、酒、浓茶、咖啡等。

痰饮凌心者，忌肥甘厚味。

有水肿者，宜低盐或无盐饮食。

宜食清淡而有营养的食物

痰湿甚或有蕴热者，宜食清淡而有营养的食物。

属心血不足者，宜选营养丰富的食物，不可过度限制肉食。

适当进食含镁、钾的食物

适当进食含镁的食物，如黄豆、青豆、赤小豆、油豆腐、芹菜、白菜、萝卜等。

适当进食含钾的食物，如菠菜、黄鳝、豆腐、土豆、山药、香蕉、苹果、梨等。

心悸者，为不耗伤心气，应做到生活有规律，起居有时。保证一定的休息和睡眠，尤其是老年人睡眠时间不宜过短，更不可以夜代昼。心神得养，心悸自安，同时精神调摄是十分必要的。

心律失常者应减少劳累，保证睡眠充足，并适当地进行锻炼；只有严重心律失常、心功能极差者，才应长期卧床休息。

党参玉竹粥 强心，早搏尤宜

原料

党参30克，玉竹20克，粳米50克。

做法

1. 将党参、玉竹煎汁；粳米淘洗干净。

2. 锅内盛水，大火烧开后，倒入粳米，转小火煨粥20分钟。

3. 倒入党参、玉竹汁，继续用小火煨粥10分钟，至粥熟烂时搅拌均匀即可。

补养功效

玉竹具有强心、降血糖、滋补强壮、延年益寿的作用，与党参合用，能改善心肌缺血，因而可治疗糖尿病、冠心病。本品多用于气阴不足型心律失常，对早搏尤宜。

四宝瘦肉汤 清心醒脾，用于气阴两虚型心律失常

原料

莲子、百合各30克，猪瘦肉100克，大枣10枚，桂圆15克。

调料

盐适量。

做法

1. 莲子、百合洗净；猪瘦肉洗净切丝。

2. 锅内盛水，大火烧沸后，放入莲子、百合、大枣、桂圆、猪瘦肉，转小火同煮汤20分钟。

3. 食用前加盐调味即可。

补养功效

本品具有清心醒脾、养心安神之功。适用于心律失常属气阴两虚者。

冠心病

冠心病多发生于40岁以后，男性多于女性，脑力劳动者多见。主要有心绞痛、心肌梗死、心律失常、心力衰竭，甚至原发性心脏骤停。饮食宜清淡，易消化。

适当限制总热量

总热量应适当限制，并合理几餐分配；饮食中应有一定量的动物蛋白，如鸡肉、牛肉、鱼、乳类和乳类制品（酸牛奶）等，以及植物蛋白，如豆腐、豆浆、豆芽等。

多食含维生素C、黄酮类物质、维生素E之物

宜食富含维生素C和黄酮类物质的蔬果，如小白菜、油菜、莴笋叶、番茄、大枣、橘子、柠檬等；多食富含维生素E的食物，如麦胚油、棉籽油、玉米油、花生油、芝麻油及奶类、蛋类等；食用含镁丰富的食物，如小米、燕麦、大麦、豆类、小麦及肉类等。

限制胆固醇、脂肪、糖的摄入量

限食含胆固醇较高的食物，如动物内脏（心、肝、肾）、脑髓、肥肉、蛋黄及水产品中的螺、贝类、乌贼鱼、鱿鱼等。

少量食用动物脂肪，适当食用植物油；宜食降脂食物，如酸牛奶、洋葱、大蒜、蘑菇等。

糖类摄入量应低于正常；饮食中应少盐。

忌用辛辣刺激之物，勿饮浓肉汤

应忌用浓茶、咖啡、芥末、辣椒、咖喱及罐头类和各种烟熏的食品及酒等物。

尽量少食含氮浸出物，如肉汤、鸡汤等，以及含草酸多的食物如菠菜、苋菜等。

预防冠心病应从日常生活做起，起居有常、身心愉快，忌暴怒、惊恐、过度思虑及过喜，戒烟少酒，劳逸结合，适当的体育锻炼，如打太极拳、乒乓球、健身操等。要量力而行，使全身气血流通，减轻心脏负担。

山楂大枣炖牛肉　祛淤阻，用于心绞痛之冠心病

原料

牛肉、胡萝卜各200克，山楂15克，红花、熟地各6克，大枣10枚。

调料

料酒、葱段、姜末、盐各适量

做法

1. 山楂洗净去核；大枣去核；胡萝卜洗净切块。

2. 红花、熟地水煎取汁；牛肉洗净，用滚水汆一下，切块。

3. 砂锅内加水，把牛肉、料酒、盐、葱段、姜末放在砂锅内，用小火煮。

4. 20分钟后放入胡萝卜、山楂、大枣，用小火炖煮30分钟，之后倒入红花、熟地煎汁继续炖煮20分钟即可。

补养功效

本品有补气血、祛淤阻之功。适用于心绞痛（心痹）之冠心病者食用。

温馨提示

因本品中的红花有较强的活血作用，故有出血倾向者不宜食用。因其有兴奋子宫的作用，所以孕妇忌用，以防引起流产、早产。

海带莲藕粥 软坚散结，伴心悸者尤宜

原料

海带 10 克，莲藕、粳米各 50 克。

调料

盐 3 克。

做法

1. 先将海带用水泡发，再将海带切碎；莲藕去皮，切碎；粳米淘洗干净。
2. 锅内盛水，大火烧开后放入海带、莲藕、粳米，小火同煨粥 30 分钟。
3. 食用前加盐调味即可。

补养功效

本品具有软坚散结、降血脂之功。多用于防治冠心病、高血压、动脉硬化等，尤其适宜冠心病、高血压伴心悸者。

黑木耳佛手瘦肉汤 疏肝健脾，用于冠心病胸痛

原料

黑木耳 6 克，佛手 10 克，薏米 20 克，猪瘦肉 50 克。

调料

盐适量。

做法

1. 黑木耳用冷水泡发，洗净，切碎；薏米淘洗干净；猪瘦肉洗净，切块。
2. 砂锅内盛水，大火烧沸后，放入黑木耳、佛手、薏米、猪瘦肉，同煲汤约 1 小时。
3. 食用前加盐调味即可。

补养功效

合黑木耳、佛手、薏米与猪瘦肉为汤，有疏肝健脾、化痰除湿的作用，适用于冠心病气滞胸痛。

三仁粥　养心安神，用于胸部憋闷

原料

桃仁、酸枣仁、柏子仁各 10 克，粳米 60 克。

调料

白糖适量。

做法

1. 将桃仁、酸枣仁、柏子仁打碎，加水适量，大火煮沸 30~40 分钟，滤渣取汁。
2. 将粳米淘净，放入锅中，倒入药汁，置火上烧沸，继用小火熬至粥稠。
3. 放入白糖，搅匀即成。

补养功效

本品具有活血化淤、养心安神、润肠通便的功效。用于淤血内阻之胸部憋闷、时有绞痛，心失所养之心悸气短、失眠。

山楂荷叶粥　降血脂，用于冠心病、高血脂者

原料

山楂、荷叶、薏米各 30 克，粳米 50 克。

调料

葱白 2 段。

做法

1. 山楂切片；薏米、粳米淘洗干净；荷叶拣净煎汁。
2. 锅内盛水，大火烧沸后，放入山楂、荷叶汁、薏米、粳米，用小火煨粥 30 分钟。
3. 放入葱白烧煮片刻即可。

补养功效

本品具有清热、化积、降血脂的功效。用于冠心病、高血脂痰湿阻遏胸阳者。

老年性痴呆

老年性痴呆是指普通的智能低下，且伴有不同程度的记忆、思维、判断力障碍，失认，失语以及人格和情感的改变。食疗以补肾养心为主。

饮食要清淡，均衡饮食

食物应新鲜，易消化。研究发现，牛奶、鸡蛋、鱼、肉、动物肝脏等富含优质蛋白质的食品对大脑机能有强化作用，大量的蔬菜、水果及豆制品可补充B族维生素、维生素C、维生素E，防止营养不足所引起的智能障碍。

均衡饮食，避免摄取过多的盐、糖及动物性脂肪。一日摄取盐量应控制在5克以下，蛋白质、膳食纤维、维生素和矿物质等都要均衡摄取。

宜常食健脑益智食物

宜常食具有健脾补肾、健脑益智作用的食物，如山药、枸杞子、蜂胶、核桃肉、芝麻、莲心、桂圆、栗子、榛子、花生、大枣等。

多吃鱼，多食富含卵磷脂的食品

多吃鱼，尤其是高油脂的鱼，如鲑鱼、鳟鱼和鱿鱼等，可有效预防痴呆症和心脏病。

多食富含卵磷脂的食品，如大豆及其制品、鱼脑、蛋黄、猪肝、芝麻、山药、蘑菇等可为大脑提供有益的营养，提高智力，延缓脑力衰退。

避免过度喝酒、抽烟，生活要规律

喝酒过度会导致肝机能障碍、引起脑功能异常；抽烟不只会造成脑血管性痴呆，也是心肌梗死等危险疾病的重要原因。

人到老年之后，气血亏虚、营卫不调，五脏六腑功能日益衰退，这时更需要以积极的心态，做到乐观、愉快、宽宏大量、热爱生活，以防止智力衰退，同时还应保持与周围环境及人群的接触，以延缓心理的衰老过程。

芝麻核桃百合粥　补益肝肾，安神健脑

原料

黑芝麻20克，核桃仁25克，百合（干）15克，粳米50克。

做法

1. 黑芝麻、核桃仁、干百合拣净；粳米淘洗干净。

2. 砂锅内盛水，烧沸后放入黑芝麻、核桃仁、干百合、粳米，小火同煨粥30分钟。

3. 待粥熟烂时，搅拌均匀即可食用。

补养功效

本品具有补益肝肾、安神健脑的功效。适用于老年性痴呆伴阴虚内热、大便干结，以及记忆力减退者、脑力劳动者。

肉苁蓉羊腰粥　滋肾平肝，强壮补虚

原料

肉苁蓉、羚羊角屑各15克，羊腰1具，灵磁石、薏米各20克。

调料

白酒适量。

做法

1. 肉苁蓉用酒洗去土，再与羚羊角屑、灵磁石一起水煎，去渣取汁。

2. 将羊腰去脂膜，切片；薏米淘洗干净。

3. 砂锅内放入上述所煎汁液，放羊腰片、薏米小火煮作粥即可。

补养功效

本品具有滋肾平肝、强壮补虚之功。适用于老年性痴呆身体虚弱、头晕、耳鸣，以及肝肾不足、身体羸弱、面色黄黑等。

更年期综合征

更年期综合征是由于卵巢功能减退，垂体功能亢进，分泌过多的促性腺激素，引起植物神经功能紊乱，从而出现一系列程度不同的症状，如月经变化、面色潮红、心悸、失眠、乏力、抑郁、多虑、情绪不稳定、易激动、注意力难以集中等。

清淡饮食

饮食宜清淡，要严格控制对食盐的摄取量。由于食盐中含有大量的钠离子，如果摄取过多的话，会增加心脏负担，从而诱发心脏病。每天食盐的用量应该控制在6克以内。

食新鲜蔬果

多吃小白菜、芹菜、大枣、山楂等食物，这些食物中都含有丰富的胡萝卜素、矿物质和纤维素，除了能增加血管的韧性之外，还具有促进血胆固醇排除、预防动脉粥样硬化的作用。

足量蛋白质

进入更年期后，性腺和全身器官功能随之退化，要想延缓这些器官的退化就必须要多补充一些含蛋白质的食物，如牛奶、鸡蛋、瘦肉、鱼类、家禽类及豆制品等。

少脂肪

要尽量减少脂肪类食物的摄取量，如猪油、奶油、牛油、蛋黄、脑髓、动物内脏等，这些食物中的脂肪量都普遍较高。如果过多食用这些食物，会使血液中胆固醇浓度过度升高，最终导致动脉硬化的形成。

与驻颜、抗衰老有关的食物有：蜂乳、花粉、大豆及豆制品、花生、黑芝麻、核桃、牛奶、银耳、香菇、新鲜蔬菜、水果、豆类、瘦肉之类；某些滋补中药如人参、冬虫夏草、燕窝等能增强人体免疫功能、延缓衰老。

六宝粥　强肾健脾，调节更年期失眠等不适

原料

红豆、黑豆、黄豆各 10 克，莲子 5 克，大枣 5 枚，核桃仁 8 个。

调料

冰糖适量。

做法

1. 分别将红豆、黑豆、黄豆淘洗干净；莲子洗净；大枣浸软去核；核桃仁拣净。
2. 砂锅内放入水，烧沸后放入红豆、黑豆、黄豆，煮沸 15 分钟后再放入莲子、核桃仁，再煮沸 10 分钟放入大枣。
3. 待粥熟烂时，放入冰糖稍煮搅拌均匀即可。

补养功效

此粥具有强肾、健脾之功，适用于更年期神经衰弱、失眠、多梦、盗汗等不适。更年期女性可常食此粥。

温馨提示

本品营养丰富均衡，但其中大枣属于甘壅之物，过量食用会助湿滞气、中满腹胀，故湿盛或气滞者，不宜过量食之。

地黄枣仁粥　补阴清热，养心安神

原料

酸枣仁、生地黄各 30 克，粳米 100 克。

调料

白糖适量。

做法

1. 酸枣仁加水煎汁，去渣取汁；生地黄加水煎汁，去渣留汁液。

2. 粳米淘洗干净，放入砂锅中，烧沸后将酸枣仁汁、生地黄汁倒入其中，小火煨粥 30 分钟。

3. 待粥熟烂时加白糖调匀即可。

补养功效

本品具有补阴清热之功。适宜调节更年期出现的五心烦热、面热汗出、耳鸣腰酸、烦闷易怒、口苦尿黄、多梦便干等不适。

杞枣桑葚汤　宁志安神，补益肝肾

原料

枸杞子、桑葚、大枣各 15 克。

调料

盐适量。

做法

1. 将枸杞子、桑葚分别拣净，清洗干净；大枣洗净。

2. 砂锅内盛水，放入枸杞子、桑葚、大枣，水煎取汁。

3. 食前加盐调味即可。

补养功效

本品具有宁志安神、补益肝肾之功。经常食用可缓解更年期所出现的不适，如失眠、多梦、盗汗、情志不舒等。

何首乌蛋黄粥　调节免疫力，缓解更年期不适

原料

何首乌 25 克，鸡蛋 1 个，酸枣仁 10 克，粳米 50 克。

调料

生姜末 2 克，盐、香油各适量。

做法

1. 何首乌、酸枣仁放入锅中，加适量水煎成汁。

2. 鸡蛋取蛋黄；粳米淘洗干净。

3. 粳米放入砂锅中，加入煎汁、清水，用大火煮沸后，打入蛋黄，用小火煮成粥后，再放入盐、生姜末，淋入香油即可。

补养功效

本品具有调节免疫力、补益精血、延缓衰老、养心、安神、敛汗的功效。可用于缓解更年期神经衰弱、失眠、多梦、盗汗等不适。

甘麦大枣粥　益气，宁心安神

原料

小麦 30 克，大枣 10 枚，甘草 15 克，粳米 50 克。

调料

生姜末 2 克，盐、香油各适量。

做法

1. 先将小麦、甘草和大枣一起加水煎煮后取汁。

2. 再将粳米洗净，放入上述煎汁中，加生姜末，煮成稀粥。

3. 待粥熟烂时加盐、滴香油拌匀即可。

补养功效

此粥具有益气，宁心安神的功效，对那些有精神恍惚、哭笑无常、失眠盗汗等症状的更年期者有裨益。

第四章

脏腑不足，用膳可代药之半

米虽一物，造粥多般，色味罕新，服之不厌。……温热调停，香异味奇，神情意乐，喜则气缓。治粥为身命之源，饮膳可代药之半。

——明《普济方》

疏肝养肝

肝气郁结表现为两胁胀痛，胸闷不舒或恶心呕吐，食欲不振，脘腹胀满，肠鸣腹痛；女性可见月经不调，乳房胀痛，痛经等。疏肝养肝可以食为先。

营养充足丰富

宜多食富含蛋白质、维生素的食物，少食动物脂肪性食物，按时就餐，消化功能比较差的时候可采取少食多餐的方法，保证营养的摄入。新鲜蔬果有益于健康，不妨多食。

选疏肝理气食物

莲藕能健脾顺气。萝卜能顺气健胃，化浊消痰，以青萝卜疗效最好。胃冷的女性，可添排骨、牛肉等炖萝卜汤吃。山楂善顺气活血、化食消积，但食用要适量，胃酸过多的女性慎用。血淤体质者，可用山楂煮红糖水以补血解郁。玫瑰花有亲肝理气、宁心安神的功效，可泡茶饮。

以肝补肝

可采用传统养生“以肝补肝”的方法，多吃动物的肝脏以保养肝脏，如猪肝、羊肝、鸡肝、鸭肝、牛肝等。

以味养肝

以味养肝首选食醋，醋味酸而入肝，具有平肝之功。

少饮酒

少量饮酒有利于通经、活血、化淤和肝脏阳气之升发。但不能贪杯过量，肝脏代谢酒精的能力有限，多饮必伤肝。

疏散之品久用易伤气阴，故兼见血亏气虚者，同时需养血益气。

注意保持情志舒畅。由于肝喜疏恶郁，故生气发怒易导致肝脏气血淤滞不畅而成疾。要学会制怒，尽力做到心平气和、乐观开朗，使肝火熄灭，肝气正常升发、顺调。

雪梨菊花粥　清肝火，特别适宜肝火旺者

原料

干菊花 5 克，雪梨 1 个，粳米 50 克。

做法

1. 锅内放水，粳米淘洗干净后放入，大火煮开后转小火煮 15 分钟。
2. 雪梨去皮、去核，切小丁，放入粥中继续煮 10 分钟。
3. 当粥煮到黏稠时，放入干菊花继续煮 3~5 分钟即可。

补养功效

本品具有清热解毒、平肝明目的功效。特别是对肝火旺、用眼过度导致的双眼干涩有很好的调理效果，经常使用电脑的人，可以经常食用。

温馨提示

凡阳虚或头痛恶寒者忌用本品；气虚胃寒、食少泄泻、胃部不适者宜少用；平日怕冷、易手脚发凉的人不宜经常饮用。

三肝黑米粥　养血补肝，儿童亦可食

原料

猪肝、羊肝各20克，鸡肝1个，黑米50克。

调料

香油、盐、味精各适量。

做法

1. 将猪肝、羊肝、鸡肝洗净，切成丝，加入香油、盐搅拌均匀。

2. 将黑米淘洗干净，放入锅内，加清水适量，煮至半熟，再下入猪肝、羊肝、鸡肝煮熟。

3. 加味精调味即可。

补养功效

本品具有补肝肾、益气血、明目的功效。不仅适用于成年人养肝，也适宜儿童、青少年食用，特别可用于近视眼的调养。

黑米大枣粥　清肝润肠，经常食用可延年益寿

原料

黑米50克，核桃3个，大枣3枚，花生10克，银耳适量。

调料

冰糖适量。

做法

1. 黑米淘洗干净；核桃取仁；大枣浸软。

2. 花生洗净；银耳泡发后，去杂，切碎。

3. 锅内盛水，大火烧沸后，放入以上食材，小火煨粥30分钟，放冰糖，至粥熟烂即可。

补养功效

本品具有滋阴补肾、健身暖胃、明目活血、清肝润肠的功效。对头昏目眩、贫血白发、腰膝酸软、夜盲耳鸣等均有益处。长期食用可延年益寿。

香附粳米粥　疏肝解郁，用于脘腹胀痛

原料

香附 15 克，粳米 50 克。

调料

红糖 30 克。

做法

1. 香附煎汁，去渣留汁。
2. 加入粳米、红糖同煮成稀粥即可。

补养功效

本品具有理气解郁、调经止痛之功。用于肝郁气滞，胸、胁、脘腹胀痛，消化不良，月经不调，闭经痛经，乳房胀痛。

番茄猪肝汤　养肝明目，保护视力

原料

番茄 100 克，土豆 50 克，猪肝、猪瘦肉各 80 克。

调料

醋 1 小匙，盐适量。

做法

1. 番茄洗净，切块；土豆去皮洗净，切滚刀块；瘦肉洗净，切薄片，煮半熟。
2. 猪肝切薄片，用清水冲洗，加醋 1 小匙，腌 10 分钟，放入滚水，煮半熟捞起。
3. 将土豆、番茄放入砂锅里，加水，用小火煲汤 10 分钟，下猪肝、瘦肉煲至肉熟，加盐调味即可。

补养功效

该品有健胃消食、养血明目的功效。可以防止眼睛干涩、疲劳，保护视力。

养心安神

心为十二官之首，有“君主之官”的称谓。其主神明，是使人聪明、记忆强健、神智安宁的主要器官。如心神不安，会出现心慌心悸、失眠健忘、头晕气短、神志不宁等。

选具有养心安神作用的食物

具有养心安神作用的食物有：莲子具有补脾止泻、益肾固精、养心安神功效；桂圆可养心安神、补益心气；百合能润肺养心安神；浮小麦甘润养心，食之可养心安神，减少或治疗心悸症状；羊肉性温味甘，有养血补心、调理心悸作用。

调养可选酸枣仁等中药材

酸枣仁、柏子仁、夜交藤、远志等中药材具有养心安神的作用。酸枣仁具有养肝、宁心、安神、敛汗的功效，多用于治疗虚烦不眠、惊悸怔忡、烦渴、虚汗等。柏子仁能养心安神、润肠通便，用于虚烦不眠、心悸怔忡、肠燥便秘等。夜交藤具有安神、通络、祛风的作用，用于失眠、劳伤、多汗、血虚身痛等。远志具有安神益智、祛痰、消肿的功效，用于心肾不交引起的失眠多梦、健忘惊悸、神志恍惚等。

吃一些动物心脏以补心脏

可以吃一些动物的心脏来养心安神，如羊心、猪心、鸡心等。羊心具有解郁、补心之功；猪心可补虚，安神定惊，养心补血，适宜心虚多汗、惊悸、怔忡、失眠多梦者食用；鸡心可滋补心脏，镇惊安神。

《黄帝内经》认为“养心”是“恬淡虚无”，即平淡宁静、乐观豁达、凝神自娱的心境。故有好的心境，“神”则宁，病则远，人则安。如果长期处于精神疲惫、失眠多梦、心神不宁的状态，很容易诱发各种疾病，从而降低生活的质量。

小米百合莲杞粥　解忧安神，安心除烦

原料

小米 50 克，莲子、百合各 20 克，枸杞子 15 克。

调料

冰糖适量。

做法

1. 将小米淘洗干净；百合、枸杞子拣净。

2. 莲子泡发 20 分钟，与小米、百合一起放入冷水锅中煮开，转小火煨粥。

3. 煨粥 20 分钟后放入枸杞子、冰糖，继续用小火煨粥 5 分钟，至粥稠即可。

补养功效

此粥具有养阴润肺、养心安神的功效，经常食用不仅可帮助睡眠、安心除烦，还可以用来消除疲劳、预防人体衰老。

温馨提示

本品一般人均可食用，尤其是老人、病人、产妇宜用的滋补品。需要注意的是气滞者忌用，素体虚寒、小便清长者少食。勿与杏仁同食。

浮小麦猪心汤

安神定惊，适宜失眠多梦者

原料

浮小麦25克，大枣5枚，猪心1个，桂圆6克。

调料

盐适量。

做法

1. 猪心对边切开，洗净；浮小麦淘洗干净。
2. 大枣、桂圆去核洗净，与浮小麦、猪心一同放入锅内，加适量清水，煲1小时。
3. 食用时加盐调味即可。

补养功效

本品具有补虚、安神定惊、养心补血的功效。适宜心虚多汗、自汗、惊悸恍惚、怔忡、失眠多梦之人食用。

酸枣仁三色粥

安神，适宜虚烦不眠者

原料

酸枣仁10克，何首乌15克，丹参、虾仁各5克，大枣5枚，香菇3朵，粳米50克。

调料

盐、色拉油各适量。

做法

1. 将何首乌、酸枣仁、丹参加水煎煮20分钟后去渣取汁。
2. 香菇切片；虾仁切碎；将虾仁、香菇用色拉油炒香。
3. 砂锅内加水，放入虾仁、香菇、大枣、粳米、煎汁同煮成粥，煮至粥熟后加盐调味。

补养功效

本品可宁心、安神、养肝、益肾。多用于虚烦不眠、惊悸怔忡、烦渴，亦为驻颜、润泽肌肤之良品。

茱萸酸枣仁粥

养心安神，多用于夜寐不安

原料

酸枣仁、山茱萸肉各15克，粳米50克。

调料

白糖适量。

做法

1. 将山茱萸肉、酸枣仁拣净；粳米淘洗干净。

2. 山茱萸肉、酸枣仁水煎取汁。

3. 将汁液放入锅中，加入清水，水烧沸后放入粳米，小火煨粥20分钟。至粳米熟烂时，加入白糖，再煮沸即可。

补养功效

本品具有滋补肝肾、养心安神的功效。适用于肝肾不足所致的夜寐不安、头晕耳鸣、带下、遗尿、小便频数等。

小麦大枣粥

养心神，可用于心悸、怔忡不安

原料

小麦、百合各20克，大枣5枚，粳米50克。

调料

白糖适量。

做法

1. 将小麦、粳米淘洗干净；百合拣净。

2. 砂锅内加水适量，烧沸后放入粳米、小麦、百合、大枣，转小火煨粥30分钟。

3. 煮至米、麦熟烂时加入白糖，再煮至米汤发稠即可。

补养功效

本品具有养心神、止虚汗、补脾胃、除烦渴之功，可用于心气不足所致的心悸、怔忡不安、失眠、自汗、盗汗、脾虚泄泻等。

健脾养胃

脾与胃均为人体的重要器官，其为表里关系。脾胃功能失常可出现口臭、腹泻、恶心、呕吐、食欲不振、消化不良、疲倦、消瘦、腹部坠胀、久泄脱肛，甚至子宫下垂、胃下垂、肾下垂等表现。

健脾和胃之物

能健脾和胃的食物有：小米、山药、枸杞子、菠菜、莲子、银耳、大豆、谷物、扁豆、薏米、大枣、板栗、木瓜、牛奶、豆制品、蘑菇、山楂、鸭肉、草鱼、鲫鱼、鹌鹑蛋、百合、梨、藕、蜂蜜等。

忌用辛辣的食用

忌辛辣香燥的食物，如辣椒、韭菜、姜、胡椒等；忌烟、酒、浓茶、咖啡等刺激性食品。

多食富含维生素C之品

维生素C对胃有保护作用，胃液中保持正常含量的维生素C，能有效发挥胃的功能，保护胃和增强胃的抗病能力。因此，要多吃富含维生素C的蔬菜和水果。如新鲜的大枣、橙子、草莓、猕猴桃、酸枣、沙棘、番茄。

饭前喝汤

汤最好饭前喝，饭后喝会增加消化负担。

馒头养胃

馒头很养胃，可以作为主食。胃疼时应以软食为主，如软饭、面食、稀粥、藕粉、橘子等。

勿食寒凉之物

胃喜温恶寒，寒凉的食物不宜多吃。

脾主运化，当脾出现问题时，造成胃部消化后的营养物质不能运输到身体各部，同时也不能反补营养给胃，脾病会出现胀痛、食欲下降、消化不良等症状；胃主受纳，当胃出现问题时，易出现脘痛、呕吐、嗳气、呃逆等症状。

脾胃病的症状基本都是同时出现的，脾胃需同时调理。

淮山党参炖鸡汤　健脾、补气，可增强体质

原料

母鸡1只，黄芪40克，淮山15克，党参、枸杞子各10克。

调料

姜3片，盐适量。

做法

1. 将母鸡洗净，去杂，剁块，汆水，去污。
2. 将党参、黄芪、淮山、枸杞子洗净，与母鸡块同放入砂锅内，注入适当清水，水沸后放入姜片，转小火炖1~2小时。
3. 待肉熟烂，加盐调味即可。

补养功效

本品具有补气养阴、健脾益肺、养血安神、补气固表、明目补血的功效。不仅可以作为老年人健脾的滋补品，还可以用于虚弱体质的病后调理。

温馨提示

大便干结、腹胀满闷者需慎食；内有积滞、火热较盛、气实多怒者勿用。

孕妇不可长期大量食用。

鸡内金羊肉汤　健脾和胃，适宜慢性肠炎者

原料

羊肉 50 克，鸡内金 5 克，大枣 5 枚。

调料

姜片、葱段、盐、料酒各适量。

做法

1. 羊肉洗净切块，放入锅中炒至干；鸡内金拣净。

2. 砂锅内盛水，大火烧沸后，放入羊肉、鸡内金、大枣、姜片、葱段，倒入料酒。

3. 转小火煲汤 1~2 小时，食用前加盐调味即可。

补养功效

本品具有健脾和胃功效，适宜脾胃虚寒所致的慢性肠炎者食之。

芡实核桃大枣粥　健脾益肾止带，用于女性带下

原料

芡实 15 克，核桃 3 个，大枣 3 枚，粳米 50 克。

调料

白糖适量。

做法

1. 芡实拣净；核桃取仁；大枣浸软。

2. 锅内盛水，大火烧沸后，加入芡实、核桃、大枣、粳米，小火煨粥 25 分钟。

3. 加入白糖，煮沸后搅拌均匀即可。

补养功效

本品具有健脾祛湿、固肾涩精的作用。多用于女性带下清稀量多、色白或淡黄，或稠黏无臭味，绵绵不断，伴面色蜡白或萎黄、四肢不温、腰酸膝软、神疲困倦等。

参芪泥鳅汤

健脾和胃，调养虚弱体质

原料

泥鳅 150 克，大枣 2 枚，黄芪、党参、山药各 15 克。

调料

生姜 2 片，色拉油、盐各适量。

做法

1. 将黄芪、党参、大枣、山药分别拣洗干净，一同放入干净的纱布袋中，扎紧袋口。

2. 锅内倒入色拉油，烧至九分热时，下生姜片，放泥鳅，将其煎至半熟。

3. 锅内加水，投入纱布袋，大火煮沸后，转为小火煲汤 30 分钟，取走纱布袋，加盐调味即可。

补养功效

本品具有健脾和胃、补气养血的功效。适用于脾胃气虚所致的身体衰弱、自汗等。

山药薏米粥

补脾除湿，适宜脾胃功能不良者

原料

山药 15 克，大枣 5 枚，粳米 50 克，糯米、薏米各 20 克。

做法

1. 将粳米、糯米、薏米分别淘洗干净。

2. 山药、大枣分别用清水浸泡。

3. 锅内盛水，放入山药、大枣、薏米、粳米、糯米，小火煨粥 30 分钟，至粥稠米烂即可。

补养功效

本品具有健脾除湿、补气益肺、益精固肾功效，可增强体质、延年益寿，特别适于身体虚弱、脾胃功能不良者，以及慢性肺病者和糖尿病者食用。

消积化食

食积会出现嗳气、呃逆、腹胀、食欲不振等现象。预防积食，要从饮食入手。首先要保证饮食规律，一日三餐要定时定量，不能饥一顿饱一顿，以免打乱胃肠道生物钟，影响消化功能正常运转。

培养良好的饮食习惯

要养成不挑食、不偏食、吃得杂、吃得全的习惯。吃饭时不要说笑，不要边看电视边吃饭。否则会影响胃肠的蠕动和消化腺的分泌，导致消化不良。

防油腻太过，以清淡食物为主

需增加膳食烹调品种花样，以增进食欲。同时要防油腻太过，油腻日久，会影响消化功能而厌食。注意荤素搭配，以清淡食物为主，脂肪食物为辅，以减轻肠胃负担。

可选用消积化食的食物

具有消积化食作用的食材有山楂、枳实、鸡内金、麦芽、莱菔子等。山楂味甘酸，性微温，具有降压降脂、活血化淤、平喘化痰、开胃健脾、化食消积的功效；枳实味苦、辛、酸，性微寒，有破气散痞、泻痰消积的功效；鸡内金味甘性平，能够消食积、健脾胃；麦芽味甘性平，具有消食、和中、下气的功效，多用于食积不消、脘腹胀满、食欲不振、呕吐泄泻；莱菔子味甘、辛，性平，具有消食导滞、降气化痰的功效。

常揉肚腹可消积化食。常用的揉腹方法为：女子左手在上，右手在下，逆时针揉 36 圈，后换手，左手在下，右手在上，顺时针揉 24 圈；男子则与此相反，左手在下，右手在上，逆时针揉 36 圈后换手，左手在上，右手在下，顺时针揉 24 圈。

萝卜豆腐汤　行气消食，适宜腹胀者

原料

白萝卜、豆腐各100克。

调料

盐适量。

做法

1. 将白萝卜洗净，切丝；豆腐切块。
2. 豆腐块、萝卜丝一同放入锅内，加入适量清水，小火烧汤。
3. 见白萝卜丝熟透，加盐调味即可。

补养功效

本品具有行气消食、健脾补虚、补中养胃、宽中润燥的功效。腹胀、食欲不振者可经常食用。

山楂粳米粥　开胃消食，用于食积腹胀

原料

山楂25克，粳米50克。

调料

白糖适量。

做法

1. 将山楂洗净，去核，切片；粳米淘洗干净。
2. 锅中加水，大火烧沸后，放入山楂片、粳米，用小火煨粥25分钟。
3. 待粥稠米烂时，放入白糖，再煮沸，搅拌均匀即可。

补养功效

本粥具有开胃消食、化滞消积、活血化淤、收敛止泻的作用。可用于食积腹胀、消化不良、高血压、冠心病等患者。

清肠排毒

肠功能失调易致肠鸣、腹痛、腹胀、腹泻、便秘、小便短少等。饮食应以清肠排毒的纤维素、碱性食物为主。

多食富含纤维素之品

粗杂粮、薯类等食物中含有丰富的纤维素，能把食物中不易消化的成分和代谢废物带出体外，保持肠道清洁。

多吃菌类食物

黑木耳、香菇等菌类食物含有较多的类似清洁液的物质，有很好的解毒功效。

常食新鲜蔬果

经常食用新鲜蔬果可清除身体有毒物。清肠蔬菜可选萝卜叶、青菜、油菜叶、菠菜、芥蓝、大白菜、胡萝卜、菜花、甘蓝等；清肠水果可用香蕉、柠檬、橘子、柚、葡萄、甘蔗汁、青梅、苹果、番茄等。

多吃碱性食物

碱性食物可中和肉、糖、蛋等酸性食物，溶解细胞中的毒素，调节人体新陈代谢，提高抗病能力和免疫功能。如海藻、海带、紫菜等碱性海产植物，最好每隔2~3天吃一次。

少吃“四高”食物

少吃或严格限食高蛋白、高脂肪、高热量、高胆固醇的食物，这些食物会给消化系统带来很大的负担，食物不能快速消化和吸收，产生的毒素积存体内。

勿食烧烤、油炸之物

尽可能不吃烟熏、烧烤，油炸等不健康食物及含色素、防腐剂等添加成分的食物；杜绝可乐、咖啡、汽水等饮品。

肠燥主要由热邪伤津、肠胃干燥、肾阳不足等所引起，平时可通过食用具有清肠排毒作用的食物以解其烦。如热邪过盛，可配以清热食物以解之；如肾阳不足，可配以温补肾阳之物以调养。

五谷粥　清肠排毒，可预防肠癌

原料

糯米 50 克，糙米 30 克，玉米、燕麦各 20 克，赤小豆 10 克。

做法

1. 糯米淘洗干净；糙米、玉米、燕麦、赤小豆用清水浸泡。

2. 锅内盛水，大火烧开后，放入糙米、玉米、燕麦、赤小豆，用小火煨粥 50 分钟。

3. 煮至八成熟时，放入淘洗干净的糯米继续煮粥至米烂粥稠即可。

补养功效

本品具有清肠排毒、消除疲劳、延缓衰老、降低胆固醇的功效。不仅有助于减轻压力，还可以预防便秘和肠癌，防止高血压、冠心病等。

温馨提示

本品一般人均可食用，尤适于肥胖、贫血、便秘等人食用。但不宜多量食用，每餐约 50~100 克。

香蕉粳米粥　润肠，用于痔疮

原料

香蕉 100 克，粳米 50 克。

做法

1. 将香蕉剥皮，切片备用；粳米淘洗干净。

2. 锅内盛水，大火烧沸后，放入粳米，小火煨粥 15 分钟。

3. 放入香蕉片，继续用小火煨粥 10 分钟，至粥熟烂即可。

补养功效

本品具有清热、解毒、润肠的功效。多用于痔疮出血、便秘发烧等。

如便秘，可在粥中加少量香油。

双瓜香蜜汤　增加肠蠕动，清肠排毒

原料

南瓜、苦瓜各 100 克，香蕉 150 克。

调料

蜂蜜适量。

做法

1. 将南瓜洗净，切块；苦瓜去籽，切段；香蕉去皮，切片。

2. 锅内盛水，大火烧沸后，放入南瓜、苦瓜小火烧汤。

3. 待瓜熟透时，放入香蕉，汤稍放凉后放入蜂蜜，搅拌均匀即可。

补养功效

本品具有增加肠蠕动、清肠排毒的功效。可清血管，中和体内酸性物质，吸附脂肪和胆固醇。

黑木耳清肠粥　排毒解毒，净化肠胃

原料

粳米 50 克，黑木耳 30 克，枸杞子 15 克。

调料

盐适量。

做法

1. 粳米淘洗干净；黑木耳泡发，洗净摘好，切成小片。

2. 粳米放入锅中，加水，大火煮沸，转小火熬粥 15 分钟，加入黑木耳、枸杞子，续煮 10 分钟。

3. 最后加盐，再煮沸即可。

补养功效

本品具有排毒解毒、清胃涤肠的功效。可净化肠胃、帮助排泄通畅，还可以补充肌肤营养，使肤色润泽。

黑芝麻糙米粥　润肠通便，清理肠道

原料

糙米 50 克，黑芝麻 15 克。

调料

白糖适量。

做法

1. 糙米洗净沥干；黑芝麻拣净。

2. 锅内加水，放入糙米搅拌一下，待煮开后改小火熬煮 40 分钟。

3. 放入黑芝麻续煮 5 分钟，加白糖煮溶拌匀即可。

补养功效

本品具有润肠通便、降脂减肥的作用。可防治因过量的脂肪积累所引起的肥胖症以及高血脂、高血压、糖尿病和动脉硬化等。

清肺护肺

如肺功能失常、病邪犯肺时，会出现胸闷、咳嗽、气喘等呼吸不利的现象；肺气不足时，会出现心悸、胸闷、嘴唇与舌头青紫等现象。食疗以养护肺部为主。

多食新鲜蔬果

新鲜水果和蔬菜中的维生素C、胡萝卜素可增加肺的通气量。研究证明，每天食用至少含300毫克维生素C的食品，可使支气管哮喘及支气管炎的发病率降低30%。如洋葱、大蒜、萝卜、百合、山楂，以及花生、核桃、栗子、榛子、松子、瓜子、莲子等坚果类食物。

选护肺之佳品

具有养肺润肺功效之佳品有胖大海、川贝母、桔梗、杏仁、罗汉果等，可将其做成汤粥膳食用。其中，胖大海具有清肺热、利咽喉之功效；川贝母有化痰止咳、清热散结之效；桔梗有宣肺祛痰、排脓消痈之功；杏仁具有止咳平喘的功效，是调治咳嗽气喘不可缺少之物；罗汉果具有清热凉血、化痰止咳、润肺抗痨之功，对感冒、咳嗽多痰、胃热便秘以及支气管炎均有裨益。

多吃白色食物

传统认为，多吃白色食物有利于肺的功能。如燕麦、淮山药、莲子、芡实、鱼鳔、银耳、雪梨、蜂蜜等都有滋阴润肺作用。冰糖银耳汤、雪梨汁都是很好的养肺护肺之品。

及时补充水分

及时补充水分，对润肺是非常重要的。每天饮用足够量的水分，以保持肺脏与呼吸道的正常湿润度。

保持心情舒畅以养肺护肺。传统认为“常笑宣肺”，大笑能使肺扩张，还可以清洁呼吸道“浊气”。人在开怀大笑时，可吸收更多的氧气进入身体，跟着流动的血液行遍全身，让身体的每个细胞都能得到充足的氧气。

沙参百合瘦肉汤 滋阴润肺，用于咽喉干痛

原料

北沙参 9 克，百合 15 克，陈皮 1 片，猪瘦肉 50 克。

调料

盐适量。

做法

1. 猪瘦肉洗净，切块，汆水；北沙参、百合、陈皮分别拣净。
2. 砂锅内盛水，烧沸后，将所有的材料放入其内，小火煲汤 1~2 小时。
3. 食用前加盐调味即可。

补养功效

本品具有滋阴润肺、润燥的功效，适宜睡眠不足所致的虚火上升、咽喉干涸、咽喉疼痛、声音沙哑。可作为秋季滋补饮用。

冰梨粳米粥 清热除烦，适宜慢性咽炎

原料

梨 1 个，粳米 100 克。

调料

冰糖适量。

做法

1. 将梨洗净，除去皮核，切成丁；粳米淘洗干净。
2. 锅内盛水，烧沸后，放入粳米，小火煨粥 25 分钟，放入梨丁，续煮 5 分钟。
3. 最后放入冰糖，再煮沸，拌匀即可。

补养功效

此粥具有清热除烦、润肺生津、化痰止咳的功效。多用于慢性咽炎、失音、虚火咳嗽、痰稠、便秘等。

补肾壮阳

补肾壮阳主要是针对肾阳不振及阳虚的一种调治方法，肾阳不振会出现面色苍白、腰膝酸软、头昏耳鸣、舌淡白等症，食疗以补肾温阳为主；阳虚会出现精神萎颓、语音低沉、气短少言、面色暗淡、动作迟缓、身冷畏寒、近衣喜温等症，食疗以补阳为益。

可食猪腰、羊腰、羊骨

猪腰、羊腰、羊骨均有补肾壮阳之功，因此在日常生活中可以食用这些食物以调养身体。其中，猪腰有补肾作用，肾虚遗精者宜食；羊腰有补肾、益精、助阳作用，肾虚遗精者宜食；羊骨有补肾作用，体弱羸瘦遗精早泄之人宜常食多食。

可选用具有补肾功效的食物

韭菜、虾、豇豆、核桃仁等食物均有补肾养阳之功，可多食。其中豇豆可健脾补肾，肾虚遗精者宜食之；核桃仁能补肾固精，为滋补强壮食品，肉能润养，皮能敛涩，故肾虚遗精者宜食之；韭菜具健胃、提神、止汗固涩、补肾助阳、固精等功效。

此外，肾虚遗精早泄者还宜食用栗子、樱桃、枸杞子、鸡肉、鸡肠、鸡肫皮、鹿茸、泥鳅、乌贼鱼、黑豆、大枣、牛肉等食物。

食补阳益肾之膳

可在饮食中增加一些中药材，如冬虫夏草、肉苁蓉、何首乌、白茯苓、鹿角胶、芡实、白果、韭菜子等，此类佳品具有补阳益肾之功，将其做成汤粥膳有良好的调治功效。

肾虚、阳虚者适宜食用具有温肾壮阳、补精髓、强筋骨功效的汤粥膳，但由于这些食物大多比较温燥，所以凡阴虚火旺、发热者不宜食用。

另外，寒冷之物肾虚、阳虚者需忌食，辛辣刺激之物需慎食。

栗子山药粥 补肾强筋，可抗衰老、延年益寿

原料

生栗子、山药各 50 克，大枣 3 枚，粳米 100 克。

调料

盐适量。

做法

1. 生栗子用刀在顶部切十字口，煮熟后剥皮；山药去皮，切滚刀块。
2. 锅内盛水，烧沸后，放入粳米、栗子，小火煨粥 20 分钟。
3. 放入山药块、大枣，继续用小火煨粥 10 分钟，最后加盐调味即可。

补养功效

本品具有养胃健脾、补肾强筋之功。不仅可以防治高血压、冠心病、动脉硬化、骨质疏松等疾病，还能够维持牙齿、骨骼的正常功用，是抗衰老、延年益寿的滋补佳品，可常食。

温馨提示

生栗子洗净后在栗子顶部切十字口，下锅煮过的栗子要一直放在水里，这样栗子的内皮才好剥。

猪腰粥　补肾、强腰，用于肾虚腰痛

原料

猪腰 1 对，粳米 100 克。

调料

葱段 2 根，姜丝适量。

做法

1. 猪腰剥去中间白色筋膜，洗净切片，煮半熟。
2. 锅内盛水，烧沸后，放入粳米、猪腰、姜丝，小火煨粥 25 分钟。
3. 最后放入葱段，再煮沸即可。

补养功效

本品具有补益肾气之功。适宜四肢酸软、遗精、阳痿、肾虚腰痛、夜多小便、老年性耳鸣、耳聋等病患，亦可用于健康人补肾强身。

淮山枸杞粥　健脾益肾，多用于尿频清长

原料

枸杞子、淮山各 10 克，粳米 50 克。

调料

盐适量。

做法

1. 枸杞子、淮山分别拣净；粳米淘洗干净。
2. 锅内盛水，烧沸后，放入粳米、淮山药小火煨粥 25 分钟。
3. 放入枸杞子，续煮 5 分钟，加盐调味即可。

补养功效

此粥具有健脾补气、补肾益精的功效，适宜尿频清长，伴有面色萎黄、气短乏力、食少纳呆、大便稀溏、舌淡、苔白等症者。

山药花生粥　补肾益精，适宜身体虚弱者

原料

山药 50 克，糯米 100 克，熟花生末适量。

做法

1. 糯米淘洗干净；山药去皮，切滚刀块。

2. 锅内盛水，烧沸后，放入糯米小火煨粥 15 分钟。

3. 放入山药块，续煮 10 分钟，至粥稠后撒上花生末即可。

补养功效

本品具有养胃健脾、滋补强身之功，且有很好的调理肠胃功效。

消化不良、食欲不振、身体虚弱者，经常食用此粥可使阳气充沛，肌体强壮。更宜春天食。

黑豆香菇黄精汤　补肾，增强肾脏功能

原料

黑豆 30 克，香菇 2 朵，黄精 20 克。

调料

盐适量。

做法

1. 黑豆泡水 2 小时，备用；香菇洗净，去杂，切细。

2. 将所有材料放入砂锅内，倒入热水，煲汤 30~50 分钟，加盐调味即可。

补养功效

本品具有补肾、活络经脉、排毒解毒的作用。食之可增强肾脏功能，排出体内毒素。

亦可将其同粳米煮粥，温热食。

滋阴生津

滋阴生津，主要是针对阴虚或者阴津不足进行的调理。阴津不足易出现精神兴奋、烦躁、身热面赤、去衣喜凉、虚火上炎、口燥舌焦、内热便秘、身热多汗、烦躁不安、口渴而喜冷饮等症。

可以食用具有滋阴生津的食物

具有滋阴生津作用的食物，可滋养体内的阴液、生成津液，以濡养身体。常用食物有鸭肉、甲鱼、龟肉、干贝、海参、银耳、梨、牛奶以及燕窝等。

其中，鸭肉是民间认为最理想的清补之物；梨对肺阴虚，或热病后阴伤者最宜；银耳对肺阴虚和胃阴虚者最为适宜；燕窝可大养肺阴，尤其是肺阴虚者，如肺结核病、支气管扩张、老年气管炎、慢性支气管炎等，最宜食之。

选有滋阴生津功效之佳品

可在汤粥膳中添加具有滋阴生津作用之佳品，如灵芝、北沙参、西洋参、阿胶、麦冬、玉竹、黄精、天冬、女贞子、龟甲、桑葚、鳖甲、石斛等。

其中，桑葚、枸杞子最能补肝肾之阴。桑葚，用于肝肾阴虚者出现消渴、目暗、耳鸣等；枸杞子对肝肾阴虚的腰膝酸软、头晕目眩、视物昏花、耳鸣耳聋等有益；西洋参对气阴两伤之人最宜；阿胶对肺肾阴虚之人，食之尤宜。

需要注意，忌用辛辣刺激之物

辛辣食物如葱、姜、蒜、胡椒、海鲜、鱼虾、浓茶、咖啡等应忌食。以免伤阴耗津。

滋阴生津的汤粥膳，可解阴虚体质伤阴者阴虚、液亏、津乏之不适。阴虚有肺阴虚、胃阴虚、脾阴虚、肝阴虚、肾阴虚、心阴虚之分，要根据自身不同的情况来调养。另外，滋阴汤粥膳多为滋腻之物，胸闷、食少、便泄、舌苔厚腻之人需慎食。

银耳莲子枣杞汤

滋阴润肺，补虚损

原料

银耳、枸杞子各20克，大枣4枚，莲子25克。

调料

冰糖适量。

做法

1. 莲子泡水，去心；银耳泡发，去粗蒂，撕成小块。

2. 锅内放清水，大火烧沸后，放入银耳、莲子小火煲汤20分钟。

3. 放入大枣、枸杞子、冰糖继续煲汤10分钟，至汤黏稠即可。

补养功效

本品具有滋阴、润肺、养胃、生津、补五脏、治虚损的功效，不但适宜于一切妇孺、病后体虚者，且对女性具有很好的嫩肤美容功效。

温馨提示

在精神紧张、心中烦乱、睡眠不安时，可食些大枣，主要是因为大枣具有镇静作用。平常生活紧张者，不妨在主菜汤或者米粥中加入一些大枣同食。

玉竹炖鸡汤　益气养阴，多用于虚劳瘦弱

原料

玉竹5克，鸡肉100克。

调料

生姜2片，盐适量。

做法

1. 鸡肉洗净，剁块；玉竹拣净。
2. 将鸡肉、玉竹、生姜放入砂锅内，加水小火煲汤1小时左右。
3. 炖至鸡肉熟烂时，加盐调味即可。

补养功效

本品具有益气养阴、生津润燥的功效。多用于虚劳瘦弱、肺胃阴虚、燥热咳嗽、口干消渴等症。

麦冬沙参百合粥　养阴润燥，用于干咳久咳

原料

麦冬5克，沙参7克，百合10克，粳米50克。

调料

白糖适量。

做法

1. 将沙参、百合、麦冬拣净，水煎，取汁；粳米淘洗干净。
2. 锅内盛水，大火烧沸后放入粳米，倒入煎汁，小火煨粥20分钟。
3. 最后放入白糖，再煮沸，搅拌均匀即可。

补养功效

本品具有养阴润燥、生津的作用。可用于口干舌燥、口渴多饮、干咳久咳无痰、大便秘结、气短汗多、心烦失眠等阴虚者。

天冬萝卜排骨汤　滋阴补肾，适宜咽喉疼痛

原料

天冬 5 克，白萝卜 100 克，排骨 150 克。

调料

生姜丝、料酒、盐各适量。

做法

1. 取天冬加水以小火煎汁，去渣；白萝卜切丝。

2. 砂锅内盛水，烧沸后放入排骨、生姜丝，倒入料酒，小火煲汤 1 小时。

3. 加白萝卜丝，倒天冬汁继续煲汤，待肉熟烂萝卜熟透后加盐调味即可。

补养功效

本品具有滋阴补肾、润燥的功效。适宜口干舌燥、咽喉疼痛、肺热咳嗽等症。

猪蹄莲藕汤　养胃滋阴，健脾益气

原料

猪蹄 1 只，莲藕 1 段，枸杞子 10 粒，灵芝片 3 片。

调料

葱段、料酒、姜片、盐各适量。

做法

1. 莲藕去皮，切成块，冲净；猪蹄剁段，放入锅中加水煮开，去除血沫，然后捞出用水冲净。

2. 砂锅内放水，烧沸，放猪蹄，倒料酒，加姜、葱，再沸时，转小火炖 1 小时。

3. 放莲藕、枸杞子、灵芝片，继续煲汤，至肉熟烂时，加盐调味即可。

补养功效

本品具有养胃滋阴、健脾益气的功效。多用于神经衰弱、慢性支气管炎、哮喘等症。

养血活血

血液不足可出现面色苍白萎黄、唇舌色淡、健忘失眠、手脚麻木、贫血、便秘、女性月经量少等，一旦出现这样的情况，需以重视。

食含铁丰富的食物

含铁丰富的食物主要包括动物内脏、猪血、鸭血和海带、紫菜、黄豆、菠菜、芹菜、油菜、番茄、杏、枣、橘子等。民间也常用桂圆、大枣、花生内衣作为补血食品。

维生素C食物不可缺少

维生素C也可促进铁的吸收和利用。因此，可多进食含维生素C丰富的食物，如新鲜的蔬菜和水果。

多食B族维生素之物

B族维生素（维生素B_{12}、叶酸）是红细胞生长发育所必需的物质，动物肝脏和瘦肉中含量较多，绿叶蔬菜等也含有叶酸，可多食用。

选富含蛋白质之品

蛋白质是构成血红蛋白的重要原料，血液不足者应多食用含蛋白质丰富的食物，如牛奶、鱼类、蛋类、黄豆及豆制品等。

可用具有养血功效之佳品

可选用具有养血、补血功效之佳品，将其做成汤粥膳以滋养身体。如阿胶、当归、熟地黄、白芍、何首乌等。

忌用辛辣、刺激之物

血虚体质之人，平日不宜食用有刺激性的食物，如咖啡、白酒、浓茶，油腻、辛辣之物也不可食用。

如遇血虚兼气虚，可搭配食用补气之品，或两者交替食用；如血虚兼阴虚，需搭配养阴之物，或者两者交替食用。

养血补血活血之品多为黏腻之物，平时体肥多痰、胸闷腹胀或食少便溏者需慎食。

大枣山药莲子粥　养血安神，可延缓衰老

原料

大枣4枚，山药20克，莲子10克，粳米50克。

调料

冰糖适量。

做法

1. 大枣浸软去核；莲子用清水浸泡；山药去皮切块；粳米淘洗干净。
2. 锅内盛水，大火烧开后，放入以上食材，小火煨粥25分钟。
3. 放入冰糖，再煮沸，搅拌均匀即可。

补养功效

本品具有益气健脾、养血安神、补虚健身的功效，可延缓衰老、增强人体免疫力。多用于因脾胃虚弱而出现的体倦乏力、食欲不振、消化不良、大便溏泻等。

温馨提示

此粥略甘壅，助湿滞气，多食会令人中满，故湿盛或气滞者，不宜大量食用。

三七炖母鸡　补气养血，用于血淤腹痛

原料

三七片 8 克，母鸡 1 只。

调料

姜片、料酒、葱、盐各适量。

做法

1. 将母鸡去杂后，冲洗干净，斩成小块，放入沸水中氽烫，去污。

2. 取砂锅，盛水，烧沸后，放入鸡块、姜片，倒料酒，再沸后转小火煲汤 30 分钟。

3. 加入三七片，继续煲汤 20 分钟至鸡肉烂熟，加盐、葱调味即可。

补养功效

本品有补气养血、活血化淤、止痛的功效，多用于血淤腹痛以及产后身体虚弱、恶露经久不止、小腹疼痛、产后多汗等。

黄芪鳝鱼汤　祛风、活血，可补虚强筋

原料

鳝鱼 1 条，黄芪 15 克。

调料

生姜、盐各适量。

做法

1. 将鳝鱼去杂，洗净，切段；黄芪去杂，用纱布袋装好；生姜切丝。

2. 砂锅内盛水，放入生姜丝、鳝鱼、黄芪袋，加水，烧沸后转小火煲汤。

3. 煮至鱼肉烂熟时，除去纱布袋，加入盐调味即可。

补养功效

本品有明显的祛风、活血、壮阳、补虚损和强筋骨的功效，而且能调节血糖，尤其适宜在秋末冬初时进食。

桃仁燕麦粥　养阴活血，用于阴虚干燥

原料

桃仁 10 克，百合 15 克，燕麦片 50 克。

做法

1. 将桃仁、百合拣净。

2. 锅内盛水，放入桃仁、百合，烧沸后加燕麦片，转小火边煮边搅拌。

3. 待粥渐稠熟烂即可。

补养功效

本品具有活血化淤、养阴活血的功效，可用于阴虚血淤型干燥综合征，多表现为口干咽燥、头晕目眩、两目干涩、目赤畏光、面色紫暗等。月经过多的女性和孕妇忌用。

乌鸡胡萝卜汤　养血益精，提高身体免疫力

原料

乌鸡 1 只，山药、胡萝卜各 50 克、枸杞子适量。

调料

葱、姜、盐、料酒各适量。

做法

1. 枸杞子用清水泡一下；山药、胡萝卜各切块；葱切段；姜切片。

2. 乌鸡剁块，沸水氽烫，去除血沫，捞出乌鸡用温水洗净。

3. 砂锅内盛水，烧沸后，放入乌鸡，加姜片，倒入料酒小火煲汤 45 分钟，放山药、胡萝卜继续煲汤 20 分钟，加枸杞子、盐，再煮沸即可。

补养功效

本品能滋养肝肾、养血益精、健脾益气。

补虚强身

补虚强身，主要是针对“虚人”而言。如常出现人体各脏腑虚弱、体质虚弱、营养不良、精神萎靡、疲乏无力、食欲降低、容易感冒等症者则需滋补健体。食疗以增强免疫力为主。

饮食丰富营养

如果维生素 A 摄入不足，呼吸道上皮细胞缺乏抵抗力则易患病。猪肝含有丰富的维生素 A。

维生素 C 缺乏时，白细胞内维生素 C 含量减少，白细胞的战斗力减弱，人体易患病。

除此之外，微量元素锌、硒、维生素 B_1、维生素 B_2 等多种元素都与人体免疫功能有关。所以，饮食需全面均衡、营养丰富。

补锌增强免疫力

锌在饮食中非常重要，它可以促进白细胞的生长，进而帮助人体防范病毒、细菌等有害物质。缺锌会增加患传染病的风险。牛肉是人体补充锌的重要来源，所以需适当进补牛肉。动物肝脏、蛋黄、瘦肉、豆类、坚果类、小米、萝卜、大白菜等含锌量也较高。

增强免疫力的食物

可食用山楂、大蒜、沙棘、芦荟、蜂胶、牛奶、酸奶、黄豆、蘑菇等增强免疫力的食物。研究发现食用大蒜可使感冒的发生率大幅降低，而牛奶、黄豆、蘑菇是长久以来人们常用来提高免疫力的几种食物。

戒烟限酒

吸烟会使抗病能力大幅下降，而嗜酒、醉酒、酗酒会削减人体免疫功能，必须严格限制。

乐观的心态，充分的休息和睡眠，适度的运动，正确的营养，这些都有助于人体获得较强的免疫力。

另外，适度劳逸是健康之母，人体生物钟正常运转是健康保证，而生物钟“错点”便是亚健康的开始。

参芪大枣乳鸽汤 补中益气，和脾胃，除烦闷

原料

党参 30 克，黄芪 15 克，大枣 5 枚，乳鸽 1 只。

调料

生姜 2 片，盐适量。

做法

1. 党参、黄芪、大枣洗净，大枣去核，稍浸泡；乳鸽去杂，洗净。
2. 砂锅内盛水，放入所有原料和姜片，加水，大火烧沸后，改为小火煲汤 2 小时，
3. 待汤浓肉熟时，加盐调味即可。

补养功效

此汤具有清肺顺气、补中益气、调和脾胃、补血、滋阴之功，可使身体强健，实为老少皆宜的滋补汤水。

温馨提示

本品虽营养丰富，但切忌靠“多”吃鸽肉来“补”身体，食之过量反而会适得其反。另，25 岁以下女性及孕妇需慎食。

鸡丝二米粥　滋养补虚，适宜病后体衰调养

原料

鸡腿1只，粳米50克，糯米30克。

调料

色拉油、盐各适量。

做法

1. 鸡腿去骨取肉，切成细丝；粳米、糯米淘洗干净。

2. 锅内烧油，放入鸡丝翻炒；砂锅内盛水，大火烧沸后，放入粳米、糯米、鸡丝，小火煨粥30分钟。

3. 待粥稠肉熟时，放入盐调味即可。

补养功效

本品具有滋养补虚、益气养血、保健强壮的功效。

人参炖鸡汤　大补元气，用于虚弱证的补养

原料

人参2克，老母鸡1只。

调料

生姜3片，料酒、盐各适量。

做法

1. 人参切薄片；老母鸡去杂、洗净、切块，汆水，撇去浮沫。

2. 砂锅内盛水，大火烧沸后，放入老母鸡、人参、姜片，倒料酒，小火煲汤2~3小时。

3. 炖至汤香肉烂时，加盐调味即可。

补养功效

本品具有大补元气、生津安神、补脾益肺的功效，用于各种虚弱证的滋补调养。

玉米牛肉汤　补中益气，增强体质

原料

玉米1个，牛肉100克。

调料

盐适量。

做法

1. 牛肉洗净，切块；玉米斩段。
2. 锅内盛水，放入玉米，继续烧至水开，再放入牛肉小火煲汤1~2小时。
3. 炖至肉熟烂时，加盐调味即可。

补养功效

本品具有补中益气、滋养脾胃、强健筋骨的功效。经常食用可增强体质、消除疲劳。

参杞大枣粥　滋补肝肾，用于体倦乏力的调养

原料

西洋参3克，大枣3枚，枸杞子10克，粳米50克。

调料

盐适量。

做法

1. 西洋参、枸杞子拣净；大枣浸软去核；粳米淘洗干净。
2. 锅内盛水，大火烧沸后，放入粳米、西洋参，小火煨粥20分钟。
3. 加大枣、枸杞子继续用小火煨粥5分钟，加盐调味即可。

补养功效

本品具有滋补肝肾、益气补阴的功效，可用于因肝肾阴虚而致的体倦乏力、头晕目眩、腰膝酸软等。

鱼头豆腐汤
补气、暖胃，常食可滋补强身

原料

鲢鱼头1个，豆腐、白萝卜各200克，枸杞子适量。

调料

生姜2片，色拉油、盐各适量。

做法

1. 鲢鱼头去鳃洗净；豆腐切块；白萝卜切滚刀块。

2. 炒锅内放入色拉油，待油三成热时，将鱼头放入锅内煎到两面微黄（用油煎后的鱼加水煲汤后，其汤会呈奶白色，且汤味浓厚）。

3. 砂锅内盛水，大火烧沸后，放入鱼头，加豆腐、白萝卜块，加生姜片，小火煲汤45分钟。

4. 放入枸杞子，继续用小火煲汤20分钟。

5. 炖至汤成奶白色、鱼肉熟烂，加盐调味即可。

补养功效

本品为温中补气、暖胃、润泽肌肤的养生之品，适用于脾胃虚寒体质、溏便、皮肤干燥者。其中鲢鱼能提供丰富的胶质蛋白，可用于滋补强身，因其对皮肤粗糙、脱屑、头发干脆易脱落等均有益处，也是女性美容不可忽视的滋补良品。

如果喜欢清淡口味，鱼肉可以不用油煎黄，将其直接放入清水中煲汤即可。

温馨提示

本品一般人均可食用，尤其适宜肾炎、水肿、小便不利以及脾胃气虚、营养不良者食。

需要注意的是：脾胃蕴热者不宜食用；痛疽疔疮，无名肿毒，瘙痒性皮肤病、内热、荨麻疹、癣病者应忌食。

清热除烦

清热是指清解里热，如有热证，会出现发热、恶热、口渴、心烦口苦、呼吸急促、小便短赤、大便干结或兼有便秘、腹胀、舌苔发黄等症。食疗以清解里热为主。

西瓜、苦瓜、黄瓜、冬瓜，清热四瓜品

西瓜、苦瓜、黄瓜、冬瓜，均为清热之佳品，其中西瓜具有清热解暑、除烦止渴、利尿的作用；苦瓜有清热利湿、解毒明目之功；黄瓜具有清热、解毒、利水的作用；冬瓜有生津止渴、清热祛暑之功。宜暑热烦闷时食用。

以清热之物解其热

具有清热之功的食物有：香蕉、芹菜、白菜、苋菜、梨、绿豆、绿豆芽等。其中香蕉可清热解毒、润肠；芹菜具有平肝清热、祛风利湿的作用；白菜可解热除烦、通利肠胃；苋菜能清热解毒、通利二便；梨可生津润燥、清热化痰；绿豆有清热解毒、消暑利尿之功。绿豆芽同绿豆。

选用具有清热功效之佳品

可选用具有清热功效之佳品，将其做成汤粥膳以清里热。比如，马齿苋、蒲公英、鱼腥草、知母、车前草、葛根等。其中，马齿苋具有清热解毒、祛湿止带的作用；蒲公英有清热解毒、消痈、利湿之功；鱼腥草具有清热解毒、消痈排脓、利水通淋之功；知母具有清热泻火、生津润燥之功；车前草有清热利尿、凉血、解毒的功效；葛根有清热解肌、升阳止泻、宣散透疹、生津止渴之功。

清热有清热泻火、清肝明目、清热凉血、清热解毒、清热燥湿这几种区分，需分清自身情况而调理。

清热之品，多为寒凉之物，多食久食会损伤阳气，故阳气不足或脾胃虚弱者需慎食。需要注意的是，出现真寒假热的情况当忌用。

冬瓜鸭肉汤　消暑除烦，可在暑热烦躁时饮

原料

荷叶 10 克，冬瓜 100 克，鸭肉 200 克，薏米 30 克，陈皮 5 克。

调料

盐适量。

做法

1. 将荷叶、薏米、陈皮分别拣净；冬瓜去瓤，切厚块；鸭肉斩块。
2. 砂锅内盛水，大火烧沸后，放入鸭肉块、冬瓜块、荷叶、薏米、陈皮，转小火煲汤 1~2 小时。
3. 炖至汤香肉烂时，加盐调味即可。

补养功效

本品有消暑除烦之功，可在暑热烦躁时饮，也可作为夏季的日常饮品。

金银花绿豆粥　清热解毒，用于湿热带下

原料

金银花 20 克，绿豆 30 克，粳米 50 克。

调料

白糖适量。

做法

1. 将金银花拣净，放入锅中，水煎，去渣，取汁。
2. 绿豆在清水中浸泡 2 小时；粳米淘洗干净。
3. 锅内盛水，放入绿豆、粳米，烧沸后加金银花汁，小火煨粥 30 分钟，煮至米熟烂时，加入白糖，调匀即可。

补养功效

本品具有清热解毒、除湿止带的功效，适用于湿热带下。

散寒解表

如有里寒，会出现呕逆泻痢、胸腹冷痛、食欲不佳、口鼻气冷等症；表证会出现恶寒、发热头痛、无汗或有汗、鼻塞、咳嗽等症。食疗以散寒解表为主。

饮食宜清淡、易消化

饮食宜清淡、易消化，切忌油腻、燥热，以免加重食欲不振、恶心呕吐之不适。病情缓解之后，可适当加些富含营养之物食用。

选用具有散寒、解表的食物

具有散寒功效的食物有：糯米、栗子、干姜、花椒、丁香、小茴香等。

具有解表功效的食物有：葱、香菜、豆豉、胡椒、桂枝等。

食散寒、解表功效之佳品

可选用具有散寒、解表功效之佳品，配以做成汤粥膳，以解体内之寒气，如薄荷、菊花、金银花、白芷、葛根、牛蒡子等。

其中，薄荷具有疏散风热、清利头目、利咽透疹、疏肝行气的功效；菊花有散风清热、平肝明目之功，用于风热感冒、头痛眩晕、目赤肿痛、眼目昏花；金银花自古被誉为清热解毒之良品，既能宣散风热，还善清解血毒，用于各种热性病，如身热、发疹等。

白芷具有祛风解表、散寒止痛、除湿通窍、消肿排脓、燥湿止带的功效；葛根有解表退热、透疹、生津、升阳止泻的功效；牛蒡子有疏散风热、宣肺透疹、解毒利咽之功。

散寒解表之汤粥膳均为性温燥烈之物，容易耗损阴液，助邪火，故阴虚火旺、阴液亏少者应慎用，孕妇需忌用。

在夏季天气炎热时宜酌量食用；还要注意不可过量或者长期食用，以免汗出过多损伤津液和阳气，反而影响健康。

葱白鸡肉粥

散寒解表，预防感冒

原料

鸡肉 100 克，粳米 50 克。

调料

葱白、香菜、生姜、盐各适量。

做法

1. 将葱白、香菜分别洗净，切碎；生姜切片；鸡肉洗净切块；粳米淘洗干净。
2. 锅内盛水，大火烧沸后，放入粳米、鸡肉、生姜片，小火煨粥 35 分钟。
3. 煮至米熟、肉烂时，撒上葱白、香菜，加盐调味即可。

补养功效

本品具有散寒解表、预防感冒的功效，适用于鼻寒流涕、恶寒发热、舌苔薄白等。

温馨提示

本品为解表辛温之物，故阴虚、内有实热，或患痔疮者忌用。高血压者不宜多食。

白芷陈皮薏米粥

祛风化痰，散寒止痛

原料

白芷 9 克，茯苓 15 克，陈皮 5 克，薏米 50 克。

调料

盐适量。

做法

1. 将白芷、茯苓、陈皮拣净，水煎，取汁；薏米用清水浸泡。

2. 锅内盛水，大火烧沸后，放入薏米，倒入煎汁，小火煨粥 25 分钟。

3. 煮至粥熟烂时，加盐调味即可。

补养功效

本品具有祛风化痰、散寒止痛的功效，用于神经衰弱，属脾湿聚痰浊上犯头痛者。

生姜葱白糯米粥

散寒解表，益气补虚

原料

糯米 50 克。

调料

生姜 2 片，葱白 3 段。

做法

1. 将糯米淘洗干净。

2. 锅内盛水，大火烧沸后，放入糯米、生姜片、葱白段。

3. 煮至米熟烂即可。

补养功效

本品具有散寒解表、益气补虚的功效。亦可用于风寒感冒的调理。

趁热食用，能出汗效果更好。

白菜葱姜汤　清热止咳，用于预防感冒

原料

白菜100克。

调料

生姜3片，葱白2段。

做法

1. 白菜洗净，撕成大块。

2. 锅内盛水，大火烧沸后，放入白菜叶、葱白、生姜，小火烧汤即可。

补养功效

本品具有散寒解表、清热止咳的功效。可用于预防感冒，或感冒初起、发热咳嗽等。

黄豆香菜汤　祛风解毒，可预防感冒

原料

黄豆15克。

调料

香菜5克。

做法

1. 将黄豆用清水浸泡2小时；香菜洗净，切段。

2. 锅内盛水，大火烧沸后，放入黄豆，转小火烧汤。

3. 煮至黄豆酥烂时，加入香菜，再煮沸即可。

补养功效

本品具有健胃消食、发汗透疹、祛风解毒的功效，可用于冬春、秋冬交季时预防感冒。

强筋壮骨

强筋壮骨主要是针对素体虚弱或伤后、病后体虚而筋骨不健的调理方法，或年老后出现骨骼老化的调理方法。食疗以强筋骨为主。

多吃含钙食物

多吃含钙食物，才能为骨骼储蓄充足的钙。牛奶、豆制品、海带、虾皮等，可满足正常人补钙的需要。

以骨补骨

骨头汤能起到促进骨骼生长、修复，抗骨骼老化的作用。其含有大量蛋白质及对骨骼有益的钙磷胶质，以提供充足的钙、磷，促进骨骼生长。随着年龄的增长和身体的老化，骨髓造血功能逐渐衰退，而骨头汤中含有的胶原蛋白正好能增强人体造血细胞的能力，减缓骨骼老化。

动物骨骼中的骨髓、骨细胞钙、蛋白多糖等物质均有利于骨病的康复。骨头汤选料用猪排骨、牛排骨、羊骨均可。

营养要丰富

据研究，维生素D、维生素B_{12}、维生素K、蛋白质、镁、钾等，都是骨骼生长和代谢必不可少的营养素。

其中，人体90%的维生素D依靠阳光中的紫外线照射，通过自身皮肤合成；其余10%通过食物（如蘑菇、海产品、动物肝脏、蛋黄和瘦肉等）摄取。

食强骨功效之品

具有强筋壮骨功效之佳品有：杜仲、淫羊藿、五加皮、骨碎补、桑寄生等。可将其做成汤粥膳食用，以补骨强身。

传统中医认为，肝肾与筋骨有着密切的关系。肾精充盛则骨髓充足，骨髓充足则骨骼得以滋养，人体骨骼就会坚韧有力，反之，则会出现腰膝酸痛；肝血充足则筋膜得以滋养，才能强健有力，活动自如，反之，则会出现软弱无力或肢体麻木等现象。

什锦牛骨汤　健骨强身，可预防骨质疏松

原料

牛骨 350 克，胡萝卜 100 克，番茄 2 个，洋葱半个。

调料

盐适量。

做法

1. 将牛骨斩成大块；胡萝卜去皮，洗净，切块；番茄洗净，切瓣；洋葱切块。

2. 锅内盛水烧沸后，放入牛骨，撇去浮沫。

3. 砂锅内盛水，大火烧沸后放入牛骨、胡萝卜、番茄、洋葱，小火煲汤 2~3 小时，炖至汤香骨酥时，加盐调味即可。

补养功效

本品具有健骨强身的功效，有一定的滋补作用，老年人常吃能预防骨质疏松，且可起到抗衰老的作用。

温馨提示

炖牛骨用电砂锅较好；炖牛骨的锅内水要一次加足，不能中途添加；炖的时候不要放盐；别放味精，以免影响食材自身的鲜味。

鳝鱼粳米粥　壮骨强筋，用于虚损羸瘦

原料

鳝鱼 100 克，粳米 50 克。

调料

色拉油、料酒、姜末、葱末、盐各适量。

做法

1. 将鳝鱼去杂，洗净，切丝；粳米淘洗干净。

2. 锅内倒入色拉油，烧热后，放入鳝鱼丝，加姜末、料酒煸炒，至鱼肉熟透时盛入碗中。

3. 砂锅内加水，烧沸后，放入粳米小火煨粥 20 分钟，放入鳝鱼丝，继续用小火煨粥 10 分钟，撒葱末，加盐调味即可。

补养功效

本品具有补虚止损、壮骨强筋的功效，适用于虚损羸瘦、风湿性关节炎等。

木瓜羊肉粥　补钙强腰，适宜腰腿疼痛

原料

羊肉 100 克，木瓜、粳米各 50 克。

调料

盐适量。

做法

1. 将羊肉洗净、切块，放入锅中，加水，用小火炖至肉熟时，关火。

2. 木瓜榨汁；粳米淘洗干净。

3. 锅内倒入羊肉汤及羊肉块，加粳米、木瓜汁同煨粥 30 分钟，煮至粳米熟烂时，加盐调匀即可。

补养功效

本品具有补钙强腰的功效，适于腰腿疼痛、脚气等。

栗子冰糖粥　强筋骨，适宜腰膝酸软者

原料

栗子、粳米各 50 克。

调料

冰糖适量。

做法

1. 将栗子用刀切开，去壳取肉，切碎。

2. 粳米淘洗干净，与栗子肉一同放入锅中，加水，烧沸后转小火煨粥 25 分钟。

3. 煮至粳米、栗子熟烂时，加入冰糖煮沸调匀即可。

补养功效

本品具有益气血、润肠胃、补肾气、强筋骨的功效。适宜腰膝酸软、小便频数、慢性胃炎、跌打损伤、筋骨肿痛等。

燕麦黑芝麻粥　益脾养心，预防钙缺乏

原料

燕麦 30 克，黑芝麻 10 克，粳米 50 克。

调料

白糖适量。

做法

1. 燕麦、黑芝麻拣净；粳米淘洗干净。

2. 锅内盛水，烧沸后，放入粳米，小火煨粥 20 分钟。

3. 加燕麦，边加边搅拌，撒黑芝麻煮沸，加入白糖拌匀即可。

补养功效

本品具有益脾养心、强壮身体、益寿延年、滋补肝肾、强筋骨的功效，且对预防钙缺乏有益。

聪耳明目

眼耳出现不适，多表现为视力下降、视物不清、眼睛干涩、耳鸣耳聋、头晕眼花等。要使眼睛明亮，听觉灵敏，需注意日常生活中的饮食，食疗以聪耳明目为主。

富含胡萝卜素和维生素A的食物

富含胡萝卜素和维生素 A 的食物，如胡萝卜、南瓜、番茄、鸡蛋、莴笋、西葫芦、鲜橘等，可增强耳细胞活力。

含有维生素 A 的食物对眼睛也有益，还可以消除眼睛疲劳、预防和治疗干眼病，如各种动物的肝脏、鱼肝油、奶类和蛋类。胡萝卜、苋菜、菠菜、韭菜、青椒、红心甘薯以及水果中的橘子、杏子、柿子等富含胡萝卜素，胡萝卜素进入人体后可转化为维生素 A。

含维生素C类的食物

含有维生素 C 的食物对眼睛有益。比如，各种新鲜蔬菜和水果，其中尤其以青椒、黄瓜、菜花、小白菜、鲜枣、生梨、橘子等含量较高。

含钙丰富的食物

丰富的钙对眼睛也是有好处的。钙具有消除眼睛紧张的作用。如豆类、绿叶蔬菜、虾皮含钙量都比较丰富。

富含微量元素的食物

富含锌元素的食物，如鱼、瘦肉、牛羊肉、奶制品、芝麻、核桃、花生、大豆、糙米等，能促进脂肪代谢，保护耳动脉血管；富含镁元素的食物，如大枣、核桃、芝麻、香蕉、菠萝、芥菜、黄花菜、菠菜、海带、紫菜和杂粮等，可保护耳动脉血管；富含维生素 D 和钙的食物，如骨头汤、脱脂奶、钙片等，可净化耳动脉，提高耳功能。

保护听力、视力可通过饮食调节体内的酸碱平衡，以防止各种眼病、耳病的发生或病情加剧。需忌贪食肥腻及辛辣刺激性食物。

黑豆枸杞粥　滋阴明目，改善眼疲劳

原料

黑豆、粳米各50克，枸杞子3~5克，大枣5枚。

调料

盐适量。

做法

1. 黑豆用水浸泡2小时；枸杞子拣净；大枣浸软去核；粳米淘洗干净。
2. 将黑豆、粳米同煨粥25分钟，放入枸杞子、大枣继续用小火煨粥10分钟。
3. 煮至豆烂粥香时，加盐调味即可。

补养功效

本品具有补肾强身、滋阴明目、养血、增强免疫力的功效，适宜眼部容易疲劳的"电脑族"、"电视迷"食用。

枸杞花生麦冬粥　聪耳明目，用于耳鸣耳聋

原料

枸杞子、麦冬各10克，花生米20克，粳米50克。

调料

白糖适量。

做法

1. 将麦冬拣净，水煎，取汁；枸杞子、花生米拣净；粳米淘洗干净。
2. 砂锅内盛水，烧沸后，放入粳米、花生米、麦冬汁，小火煨粥25分钟。
3. 加枸杞子，继续用小火煨粥5分钟，加白糖煮沸后搅拌均匀即可。

补养功效

本品具有滋补肝肾、聪耳明目的功效，适用于肝肾不足而致的头晕眼花、视物不清、耳鸣耳聋等。

减肥瘦身

肥胖，轻者影响美观，重者会危害人体健康，比如会出现高血压、高血脂、糖尿病、脂肪肝、动脉硬化等病症。

合理饮食

只有在日常饮食中做到控制脂肪与热量、营养均衡、搭配合理，方可保持身体的健康与形体的美观。

另，要少吃富含脂肪与热量的食物，高脂肪食物会直接影响瘦身的效果，尤其是富含动物性脂肪的食物。

避免排泄不畅

若想减肥，需缩短粪便在肠道停留的时间。因此，可多吃些利于排便的食物。

可食富含纤维素之物

适量摄入纤维素不仅有助于减少脂肪在消化道的直接摄入量，同时还可以阻碍糖类消化吸收，减慢糖分子进入血液的速度，有利于减少胰岛素的释放（高胰岛素是细胞贮存脂肪的信号），这将非常有利于防止发胖。

控制主食和限制甜食

如原来食量较大，主食可采用递减法，比如一日三餐主食总摄入量可减去 50 克。对含淀粉过多和极甜的食物如甜薯、藕粉、果酱、蜂蜜、糖果、蜜饯、麦乳精、果汁甜食，尽量少吃或不吃。

适量饮水或喝汤

过分限制水，能使胖人汗腺分泌紊乱，不利体温调节，尤其是尿液浓缩、代谢物不易排净，还可引起烦渴、头痛、乏力等症状。适量饮水可以补充水分，调节脂类代谢。喝汤不仅对人体健康有好处，而且可以抑制食欲，从而起到减肥的作用。

有利于减肥瘦身的食材有：甘薯、芹菜、生菜、银耳、冬瓜、丝瓜、大蒜、金枪鱼、火龙果、无花果、柠檬、菊花、女贞子、丹参、红花、灵芝、荷叶、枸杞子、决明子、山楂、益母草、川芎等。

三米赤小豆粥　减肥降脂，可防止发胖

原料

香米、薏米各 30 克，糯米 50 克，赤小豆 15 克。

做法

1. 赤小豆用清水浸泡 2 小时；薏米用水泡片刻。
2. 香米、糯米分别淘洗干净。
3. 锅内盛水，大火烧沸后，放入香米、糯米、赤小豆、薏米，用小火煨粥 35 分钟。
4. 煮至豆烂粥香时，将粥搅拌均匀即可。

补养功效

本品具有清热利水、健脾祛湿、减肥降脂的功效，不仅可用于减肥、防止发胖、降血脂、美白肌肤等，对久病体虚者恢复健康也大有裨益。

温馨提示

津血枯燥、消瘦、尿多者需少食；脾虚无湿、大便干燥者以及孕妇需慎用。

土豆枸杞粥　健脾和胃，适宜瘦身者

原料

土豆、粳米各 50 克，枸杞子数粒。

调料

白糖适量。

做法

1. 土豆去皮，切块；枸杞子拣净；粳米淘洗干净。

2. 锅内盛水，大火烧沸后，放入粳米、土豆块，小火煨粥 25 分钟。

3. 加枸杞子，继续用小火煨粥 5 分钟，煮至米烂粥香时，加白糖搅拌均匀即可。

补养功效

本品具有健脾和胃、通利大便的功效，食土豆粥可增强人的饱腹感，同时减少大量食物的摄入，适宜瘦身者食用。

冬瓜肉蓉粥　清降胃火，保持形体健美

原料

冬瓜 100 克，猪瘦肉 30 克，粳米 60 克。

调料

水淀粉、盐、葱花各适量。

做法

1. 猪肉洗净，剁蓉，加盐、水淀粉拌匀；冬瓜削皮，洗净，切片；粳米淘洗干净。

2. 锅内盛水，烧沸后，加粳米，小火煨粥 20 分钟，放猪肉蓉、冬瓜片，再用小火煨粥 10 分钟。

3. 待粥液浓稠后出锅，撒上葱花即可。

补养功效

本品具有养胃生津、清降胃火的功效，久食不仅可以减肥瘦身，还可使肌肤保持洁白如玉、润泽光滑，形体保持健美。

胡萝卜南瓜番茄汤　减肥降脂，清肠排毒

原料

南瓜 500 克，胡萝卜 200 克，番茄 1 个。

调料

鸡汤 2 杯，盐、胡椒粉各适量。

做法

1. 南瓜、胡萝卜、番茄分别切块。
2. 鸡汤煮开，加入胡萝卜、南瓜、番茄，大火煮开。
3. 转小火煮到南瓜软烂，加盐、胡椒粉调味即可。

补养功效

本品有减肥降脂、清肠排毒之功，能吸收体内的胆固醇和脂肪等物质并随着大便排出，从而起到瘦身作用。

芹菜双米粥　平肝降压，减肥瘦身

原料

小米 20 克，粳米、芹菜各 50 克。

调料

盐适量。

做法

1. 粳米、小米分别淘洗干净；芹菜去叶除根部，洗净，切小段。
2. 锅内盛水，大火烧沸后，将粳米、小米放入其中，用小火煨粥 20 分钟。
3. 加芹菜，继续用小火煨粥 10 分钟，最后加盐调味即可。

补养功效

本品具有平肝降压、清热解毒的功效，也是一种理想的绿色减肥粥品，具有很好的瘦身效果。

养肤驻颜

许多女性面色无华、晦白或灰暗、肌肤粗糙、斑点多多，养肤驻颜就是使面色红润，肌肤嫩白、细腻的调养方法。其食疗以调节脏腑、养气血为主。

充足的水分是美颜的保障

充足的水分是健康和美容的保障。特别是女性，缺水会使她们的身体过早衰老，皮肤“缩水”会失去光泽。

要想面色好就必须养血养心

在日常饮食中应多吃养血养心的食物，养血离不开铁，可选择含铁丰富、促进铁吸收的食物。如小米、大米、芹菜、油菜、菠菜、黄豆、菜花、白萝卜、胡萝卜、海带、黑木耳、香菇、蚕豆、猪瘦肉、牛肉、羊肉、猪肝、鸡肉、牛奶、鸡蛋、大枣、桑葚等。

调节脏腑功能，美容之效方可长久

增强脏腑功能和养颜密不可分。如若心气不足，脸色会苍白晦滞或萎黄无华；若肝血不足，则面色无华，暗淡无光；或脾失健运，其人必精神萎靡，面色淡白，萎黄不泽；若肺功能失常日久，则肌肤干燥，面容憔悴而苍白；而肾功能失调则会出现面容枯槁、眼圈发黑、头发缺少光泽等。

常食具有养颜功效的蔬果

果蔬是最佳碱性食物，每日食用足量新鲜果蔬，对肌肤有很好的润泽作用。比如苹果、香蕉、猕猴桃、葡萄、梨、柠檬、草莓、西瓜、大豆、番茄、胡萝卜、黄瓜、黑木耳、苦瓜、海带等。

需根据自身的体质、肤质特点来进食养肤驻颜之膳。比如，中干性肌肤应避免酸性食物，如鱼类、贝类、肉类食物，食疗以补阴类或活血化淤为宜；油性肌肤应选用凉性、平性之物，应少吃辛辣、油腻、温热之物，食疗以清热为宜。

香奶黑芝麻粥　美容养颜，使肌肤嫩白润泽

原料

牛奶200克，熟黑芝麻15克，枸杞子10克，粳米50克。

调料

白糖适量。

做法

1. 粳米淘洗干净；黑芝麻拣净。

2. 粳米加适量水放入锅中，大火烧开后再转小火煨粥30分钟。

3. 粥内加入牛奶，烧沸后，再加入枸杞子和白糖，搅拌均匀，撒上熟黑芝麻即可。

补养功效

本品具有润泽肌肤、美容养颜、抗衰老的功效，经常食用不仅可以使肌肤嫩白、润泽，还可防止须发早白。

温馨提示

慢性肠炎、腹泻、大便稀溏者不宜食本品；孕妇也不可大量过量食用。

杞枣双黑粥　滋阴养血，润泽肌肤

原料

黑芝麻、枸杞子各10克，黑米50克，大枣5枚。

调料

红糖适量。

做法

1. 将黑米用清水浸泡2小时；大枣、枸杞子冲洗干净；黑芝麻拣净。
2. 锅内放入黑米，加水，烧开后转小火煨粥15分钟，放入大枣、枸杞子续煮，转小火煨粥10分钟。
3. 加红糖，再煮沸，搅拌均匀，撒上黑芝麻即可。

补养功效

本品具有滋补五脏、滋阴养血、补肾固精、活血补血、润泽肌肤的功效。

乳鸽木瓜莲子汤　润肤养颜，减缓老年斑

原料

乳鸽1只，木瓜半个，莲子10克，枸杞子5克，牛奶100毫升。

调料

生姜1片，料酒、盐各适量。

做法

1. 莲子浸软去心；木瓜去皮、去籽，切块；枸杞子拣净。
2. 乳鸽去杂，洗净，放入冷水锅中，放生姜片，倒入料酒，水烧开后，撇去浮沫。
3. 放入莲子、木瓜、煲汤1~2小时，倒入牛奶，放枸杞子，再煮沸，最后加盐即可。

补养功效

此汤有滋阴补肾、润肤养颜、延年益寿之功，常吃可改善人体机能，使肌肤焕发亮丽光润，老年人食之还可减缓老年斑的出现。

玉竹凤爪汤 光润肌肤，防止皮肤松弛

原料

凤爪 2~3 个，玉竹 15 克，薏米 20 克，枸杞子 5 粒。

调料

盐适量。

做法

1. 将玉竹、薏米分别用清水浸泡；枸杞子拣净。

2. 凤爪洗净，剪掉爪尖，放入锅内，加水，放薏米、玉竹，小火煲汤 1~2 小时。

3. 放入枸杞子，再煮沸，加盐调味即可。

补养功效

本品具有清热润肺、润泽肌肤的功效。食之可使肌肤光滑细腻柔嫩。

三仁鸡蛋粥 排毒养颜，减少色斑

原料

桃仁、甜杏仁、白果仁各 10 克，鸡蛋 1 个，粳米 50 克。

调料

冰糖适量。

做法

1. 将桃仁、甜杏仁、白果仁拣净，水煎，取汁；粳米淘洗干净；鸡蛋打散。

2. 锅内加水，烧沸后，放入粳米，倒入三仁汁，小火煨粥 15 分钟。

3. 打入鸡蛋，继续用小火煨粥 15 分钟，粥成时加冰糖调匀即可。

补养功效

本品具有排毒养颜、活血化淤的功效，老年人常食之可减少色斑，延缓肌肤衰老。

第五章 春夏秋冬，话汤粥养人

饮食之味，能适于口，饮食之精，始获有益于体。

——《素食说略》

春润肝

春补应围绕“补肝”为主，食疗以平补为原则，勿一味使用温热滋补品，以免加重身体内热，损伤人体正气。

饮食宜清淡

春季饮食宜清温平淡。应少食用肥肉等高脂肪食物，饮食宜温热，忌生冷。不宜进食羊肉、狗肉、麻辣火锅以及辣椒、花椒、胡椒等大辛大热之品，以防邪热伤身。

补充足够维生素

春天气温变化大，细菌、病毒等微生物开始繁殖，活力增强，容易侵犯人体而致病。所以，在饮食上需要摄取足够的维生素和矿物质。富含维生素C的食物具有抗病毒作用，比如小白菜、油菜、柿子椒、番茄、柑橘、柠檬等；富含维生素A的食物具有保护和增强上呼吸道黏膜和呼吸器官上皮细胞的功效，从而可抵抗各种致病因素侵袭，比如胡萝卜、苋菜等；富含维生素E的食物可以提高人体免疫功能，增强人体的抗病能力，如芝麻、菜花等。

多喝水

补充充足的水分，有利于养肝，以及代谢废物的排泄，可降低毒物对肝的损害。同时，在春季饮花茶，可有助于散发在冬季累积在体内的寒邪，促进人体阳气生发，郁滞疏散。

多吃甜，少吃酸

多吃酸味食物会加强肝的功能，使本来就偏亢的肝气更旺，伤害脾胃之气。所以，要少吃些酸味食物，以防肝气过于旺盛。而甜味的食物入脾，能补益脾气，可多食用，比如大枣、山药等。

适宜在春天进补的人主要有：中老年人有早衰现象者，各种慢性病而形体孱瘦者，腰酸眩晕、脸色萎黄、受凉后容易感冒者。

具有平补作用的食物有：荞麦、薏米、豆浆、赤小豆、金橘、苹果、芝麻、核桃等。

牛肉番茄土豆汤

强健筋骨，增强抵抗力

原料

牛肉 300 克，番茄 1 个，土豆 1 个，洋葱 1 个。

调料

生姜 2 片，盐、色拉油各适量。

做法

1. 牛肉洗净后，切块，汆水，去除浮沫，捞出再用清水洗净；土豆削皮后切块；洋葱切片；番茄切成块。

2. 锅内放入油烧热，放生姜片爆炒，放入牛肉和土豆翻炒。

3. 砂锅加水，烧沸后，放入牛肉、土豆，小火煲汤 1 小时。

4. 放入番茄、洋葱片，继续用小火煲汤，炖至汤香肉烂，加盐调味即可。

补养功效

本品具有强健筋骨、凉血平肝的作用，春天食之可以增强抵抗力，对防止春困有一定的作用。

温馨提示

此汤还适宜生长发育及手术后、病后调养，以及气短体虚、筋骨酸软、贫血久病、面黄目眩者食用。

本品虽好，但以一周一次为宜，不可食之太多，汤中的牛脂肪更应少食为妙，否则会增加体内胆固醇和脂肪的积累量。

菊花冰糖粥　疏散风热，防治风热头痛

原料

胎菊 10 克，粳米 50 克。

调料

冰糖适量。

做法

1. 胎菊拣净；粳米淘洗干净。

2. 锅内盛水，大火烧沸后，放入粳米、菊花，小火煨粥 20 分钟。

3. 粥渐成淡黄色时，加入冰糖，再煮沸，搅拌均匀即可。

补养功效

本品具有疏散风热、宣通肺气、平肝明目的作用，在春季食之不仅可防治风热头痛、肝火目赤、眩晕耳鸣，而且还可使人肢体轻松，耳聪目明。

香葱鸡粥　健脾开胃，适宜春季存阳气

原料

鸡胸肉、粳米各 50 克。

调料

葱白 2 段，盐适量。

做法

1. 鸡胸肉洗净，切方丁；粳米淘洗干净。

2. 锅内盛水，大火烧开后，放入粳米，小火煨粥 15 分钟。

3. 放入鸡肉丁、葱白段，继续用小火煨粥 10 分钟，最后加盐调味即可。

补养功效

本品具有健脾开胃、解热、祛痰、抗菌、抗病毒的功效，可以促进消化吸收。食之适宜春季保养阳气。

枸杞猪肝粥　滋补肝肾，养肝明目

原料

枸杞子 10 克，猪肝 50 克，粳米 100 克。

调料

姜末、香菜、盐各适量。

做法

1. 将枸杞子拣净；猪肝洗净切碎；香菜切碎；生姜切末；粳米淘洗干净。

2. 锅内盛水，大火烧开后，放入粳米，小火煨粥 15 分钟。

3. 放入猪肝、姜末、枸杞子，继续用小火煨粥 10 分钟，最后撒上香菜，加盐调味即可。

补养功效

本品具有滋补肝肾、养肝明目的功效，适用于肝肾阴虚、视物昏花及夜盲症者食用。

桑寄生首乌瘦肉汤　补肝肾，为春日养肝护发

原料

桑寄生 10 克，首乌 5 克，大枣 4 枚，猪瘦肉 100 克。

调料

生姜 2 片，盐适量。

做法

1. 桑寄生、首乌稍浸泡；大枣浸软取核；猪瘦肉洗净切块。

2. 砂锅内盛水，放入桑寄生、首乌、大枣、猪瘦肉，加生姜片，小火煲汤 1~2 小时。

3. 煲至汤香肉熟时，加盐调味即可。

补养功效

本品具有养血、滋肝肾、祛风湿、健骨的功效，为春日养肝护发的滋补汤饮。

夏养心

炎热的夏季，是人体消耗最大的季节。如果不注意饮食，会出现头昏脑胀、四肢无力等不适症状。饮食以清淡爽口为主，食疗以清补、健脾、祛暑、化湿为原则。

进补清心、消暑、解毒食物

夏季进补重视健脾养胃，以促进消化吸收功能。在进补过程中，宜清心、消暑、解毒，避免暑毒；并且还要注意清热利湿、生津止渴，以平衡体液的消耗。

在夏季宜进补的食物有：莲子、荞麦、绿豆、白扁豆、荔枝、大枣、猪肉、牛肉、鸡肉、鲫鱼、蜂蜜、鸭肉、豆腐、豆浆、甘蔗等。

另外，还需注意补充水分。

选具有清热祛暑功效的食物

在食材选择上，要多选择一些具有清热祛暑功效的食物，比如苋菜、茄子、鲜藕、绿豆芽、丝瓜、黄瓜、冬瓜、西瓜等。特别是番茄和西瓜，夏季多食，既可生津止渴，又有滋养作用。

夏季进补3忌

暑热未清者，勿过早进补。否则暑热不易消退，还会使已经逐步消退的暑热加重。

有湿热者忌补。如舌苔厚腻、胸腹胀闷、肢体酸重、小便黄赤等，是湿热困脾所致，不是真虚，故不能进补。

夏季多热多湿，要注意补不助湿，补不增热，即要清补、不能腻补。尤其是甘温之物，应当忌用。

通过饮食调配，既可补充人体因大量出汗导致的营养损失，又能有效地避免肠道疾病的发生，同时，还有益于调节体温、消除疲劳。对于出汗过多、气津两虚者，最宜食用西洋参，其养气养阴效果最佳；而有阴血虚者，还必须选用滋阴补血之品，如当归、首乌、熟地等。

绿豆竹叶粥　清暑化湿，清解心胃之热毒

原料

金银花、荷叶、竹叶各 5 克，绿豆 20 克，粳米 50 克。

调料

冰糖适量。

做法

1. 将金银花、荷叶、竹叶拣净，水煎，取汁；绿豆用清水浸泡 2 小时；粳米淘洗干净。

2. 锅内盛水，大火烧沸后，放入粳米、绿豆，倒入药汁，用小火煨粥 30 分钟。

3. 至粥香米烂时，加入冰糖，再煮沸，搅拌均匀即可。

补养功效

本品可清暑化湿、解表清热，亦可清解心胃之热毒。适宜伏暑天有恶寒发热、头痛、全身酸痛、无汗、心烦口渴等症者。

温馨提示

本品为性寒之物，故脾胃虚寒、体虚有寒、肾亏尿频者需慎用；孕妇需忌食。

荷叶冬瓜粥　清热解暑，清心除烦

原料

荷叶 15 克，冬瓜 100 克，粳米 50 克。

调料

白糖适量。

做法

1. 将荷叶拣净，水煎，取汁；冬瓜去皮、去瓤，切块；粳米淘洗干净。

2. 锅内盛水，大火烧沸后，放入粳米，小火煨粥 15 分钟。

3. 放入冬瓜块，倒入荷叶汁，继续用小火煨粥 10 分钟，煮至粥香米烂时，加白糖搅匀即可。

补养功效

本品具有清热解暑、清热生津、利水止渴的功效。夏季食，还有清心除烦之功。

三豆汤　解暑，清热

原料

黑豆、绿豆、赤小豆各 30 克。

调料

冰糖适量。

做法

1. 将黑豆、绿豆、赤小豆分别用清水浸泡 2 小时。

2. 将三豆放入锅中，加水，烧沸后，加冰糖。

3. 烧至汤香豆熟时即可。

补养功效

本品具有清热补肾、清热解毒、消暑、清热利尿、消肿的功效，三豆同为汤，实为解暑、清热的消暑佳品。

苦瓜豆腐瘦肉汤　清心涤热，疗痱子

原料

鲜苦瓜、豆腐各 100 克，猪瘦肉 80 克。

调料

料酒、盐各适量。

做法

1. 苦瓜去瓤，切成块；豆腐切块；猪瘦肉洗净，切片。
2. 先将猪肉放入锅内，加水，烧沸后，撇去浮沫，倒入料酒，加盐。
3. 水再沸时，放入苦瓜、豆腐共煮即可。

补养功效

本品能清心涤热、明目，疗疖子、痱子。

加味乌梅粥　补脾益肺，益气生津

原料

乌梅、党参各 10 克，粳米 50 克。

调料

冰糖适量。

做法

1. 将乌梅、党参拣净，同水煎，取汁；粳米淘洗干净。
2. 锅内盛水，大火烧沸后，放入粳米，倒入药汁，小火煨粥 20 分钟。
3. 煮至粥香米烂时，加入冰糖，再煮沸，搅拌均匀即可。

补养功效

本品具有补脾益肺、益气生津之功。可用于暑温津气欲脱，汗出不止、身热下降、口渴不止者。但高热、渴喜冷饮、尿黄便秘者不宜食用。

秋润肺

秋季气候干燥，早晚天气较凉，易引发咳嗽，表现为干咳、无痰或少痰，并伴有口鼻干燥、口渴心烦等。食疗以滋阴润肺、防燥养阴为原则。

选用“不燥不腻”的平补之物

秋季进补应选用不燥不腻的平补之物，比如梨、柚子、萝卜、石榴、柿子、葡萄、芝麻、百合等。

如脾胃虚弱、消化不良者，可以食用具有健脾养胃之品，比如莲子、百合、淮山药、大枣等。

秋天饮食宜收不宜散

秋季是人体“收”的季节，所谓“收”就是指人体需储存能量，准备过冬，因此需要注意维生素的摄取。其中富含维生素 A 和胡萝卜素的食物有：猪肝、蛋黄、杏、百合、南瓜、胡萝卜等；富含维生素 C 的食物有：柚子、大枣、番茄、青椒等。

还需注意的是，夏季刚过，暑气消退，人们食欲普遍增加，此时不宜进补过度，以免祸及肠胃。

秋季需注意养阴防燥

秋季雨少天干，空气中缺乏水分的滋润，人易出现鼻咽干燥、声音嘶哑、干咳少痰、口渴便秘等一系列干燥症状，也就是“秋燥”。秋燥不仅会使人感觉不适，而且还会诱发好多疾病，比如感冒、疖肿、鼻炎等。

因此，秋季养阴防燥很重要。在饮食上宜常喝开水和菜汤，多吃些生梨、葡萄、香蕉、银耳、青菜等滋阴润肺的食物。需少吃辣椒、姜、葱、蒜等辛辣之物。

为防秋燥，在起居上要做到早睡早起。早睡以利养阴，早起以利舒肺，呼吸新鲜空气。使身体津液充足，精力充沛。

不宜喝酒、抽烟和熬夜，否则会加重秋燥现象。

鸭梨百合杏仁粥

养阴润肺，用于秋燥伤阴

原料

鸭梨 20 克，杏仁 10 克，百合 15 克，粳米 50 克。

调料

蜂蜜适量。

做法

1. 鸭梨削皮、去核，切块；杏仁、百合拣净；粳米淘洗干净。
2. 锅内盛水，放入粳米，烧沸后，放入杏仁、百合，转小火煨粥 20 分钟。
3. 放入鸭梨块，继续用小火煨粥 10 分钟，煮至粥香米烂时关火。
4. 待粥稍放凉时，加蜂蜜，搅拌均匀即可。

补养功效

本品具有养阴润肺、清心安神、润肠通便的功效。适用于秋燥伤阴、干咳少痰、皮肤干燥等。

温馨提示

本品为味甘之物，故风寒咳嗽、脾虚溏泻者慎食；舌苔厚腻、胃脘痛者忌食；湿热体质和糖尿病者不宜食。

杞莲宁神粥

益肺脾，宁心安神

原料

枸杞子、茯苓各10克，莲子、百合各15克，糯米50克。

调料

白糖适量。

做法

1. 百合、莲子分别用清水浸泡；糯米淘洗干净。

2. 枸杞子、茯苓分别拣净，将茯苓水煎，取汁。

3. 锅内盛水，烧沸后，放入粳米、莲子、百合、茯苓汁，小火煨粥25分钟。

4. 放入枸杞子，再用小火煨粥5分钟，放入白糖，再煮沸，搅拌均匀即可。

补养功效

本品具有补肝肾、益肺脾、宁心安神之功。可用于秋季病后体虚，心悸失眠、脾胃虚弱、不思饮食、神经衰弱者。

温馨提示

本品为味甘质润之品，凡有外邪实热、脾虚湿滞、肠润便溏者不宜食用；凡中满痞胀、大便燥结者需慎食。

木瓜莲子煲鲫鱼　清心润肺，为秋燥清润汤品

温馨提示

本品适宜慢性胃炎、消化不良、风湿筋骨痛者食用；但孕妇以及过敏体质者需慎食。

原料

木瓜半个，莲子 15 克，鲫鱼 1 条。

调料

色拉油、盐各适量。

做法

1. 木瓜去瓤、去皮，切块；莲子用水浸泡。
2. 鲫鱼去杂，洗净，沥干；锅内倒油烧热，放入鲫鱼，两面煎至黄，取出。
3. 砂锅内盛水，烧沸后，放入油煎后的鲫鱼、木瓜块、莲子，用小火煲汤 1~2 小时。
4. 煲至汤香鱼肉熟烂时，加盐调味即可。

补养功效

本品具有清心润肺、健脾益胃的功效。是秋冬干燥季节的清润汤品，亦适宜病后滋补调养。

天门冬冰糖粥　养阴，秋季润燥之佳品

原料

天门冬 5 克，粳米 50 克。

调料

冰糖适量。

做法

1. 天门冬拣净，水煎，取汁；粳米淘洗干净。

2. 锅内盛水，烧沸后，放入粳米，倒入天门冬汁，用小火煨粥 25 分钟。

3. 放入冰糖，再煮沸，搅拌均匀即可。

补养功效

本品养阴润燥、润肺益胃，是秋冬干燥季节养阴润燥之佳品。亦可用于阴虚肺燥、咳嗽咽干、阴虚胃痛、消渴口干、燥热便秘等。

银耳木瓜汤　养阴润肺，滋润肌肤

原料

木瓜 200 克，银耳 10 克。

调料

冰糖适量。

做法

1. 将银耳用清水浸透，泡发，去杂，切碎；木瓜去瓤、去皮，切块。

2. 锅内盛水，大火烧开后，放入木瓜、银耳，转小火烧汤 15 分钟。

3. 放入冰糖，继续用小火烧汤，至汤黏时搅拌均匀即可。

补养功效

本品具有养阴润肺、滋润肌肤之功，可用于秋冬干燥之际，解秋燥伤阴、肌肤干燥、嘴唇干裂之扰。

百合银耳粥　益气，养阴，润肺

原料

银耳、百合各10克，粳米50克。

调料

冰糖适量。

做法

1. 银耳用水浸发，去杂，切碎；百合拣净；粳米淘洗干净。

2. 砂锅内盛水，烧沸后，放入粳米、百合、银耳，小火煨粥25分钟。

3. 加冰糖，再煮沸，搅拌均匀即可。

补养功效

本品具有益气、养阴、润肺之功，更适宜秋天干燥时节食用。

莲藕炖排骨　生津，防止秋季干燥

原料

排骨300克，藕1节。

调料

生姜2片，料酒、盐各适量。

做法

1. 排骨凉水下锅，水沸后撇去浮沫，捞出排骨；藕去皮，切块；

2. 砂锅内盛水，大火烧沸后，放入排骨、藕块、生姜片，倒入料酒，再沸后，转小火煲汤1~2小时。

3. 炖至汤香肉烂时，加盐调味即可。

补养功效

本汤能健脾开胃、益血补心，有消食、止渴、生津的功效。秋天气候干燥，此汤有滋养肌肤之功，可延缓皮肤衰老。

冬补肾

进入冬天，到了进补的最佳时节。冬季的日常饮食，可以增加一些“肥甘厚味”的食品，但不宜过多。食疗以养肾阳为主。

以温补为主

冬季进补应注意养阳，以温补为主。如形体偏瘦、性情急躁、易于激动者，应以“淡补”为主，采用滋阴增液、养血生津的食材，禁用辛辣食物；而形体丰腴、肌肉松弛者，宜采用甘温食物，忌用寒湿、冷腻、辛凉的食物。

及时补充营养素

冬季寒冷，容易增加各种营养素的消耗量，应及时补充。可多吃些含钙、铁、钠、钾等丰富的食物，如虾皮、虾米、猪肝、香蕉等。

冬天更应补充维生素

冬天绿叶菜相对少些，可适当吃些薯类，如甘薯、土豆等。除大白菜之外，还应选择圆白菜、心里美萝卜、白萝卜、胡萝卜、黄豆芽、绿豆芽、油菜等。经常调换食材品种，合理搭配，可以补充人体维生素的需要。

冬季调养“三宜”

一宜：晨起喝热粥。民间素有冬至吃赤小豆粥，腊月初八吃“腊八粥”，腊月二十五吃“八宝粥”的风俗习惯。冬日宜食消食化痰的萝卜粥、补肺益胃的山药粥、养阴固精的核桃粥、益气养阴的大枣粥等等。

二宜：宜吃牛肉、羊肉、桂圆、大枣、山药、韭菜等温热之品，以取阳生阴长之义。

三宜：多吃些核桃、板栗、花生等坚果。

冬季宜食温热之物，但燥热之物不可过食。冬季忌吃较硬和生冷的食物，此类食物多属阴，易伤脾胃之阳。

再者，不可盲目将黄芪、党参、当归、田七等与鸡、鸭或狗肉同煮进补，或长时间过量服用人参、鹿茸、阿胶等大补之品，适量益身，过量则伤身。

归地烧羊肉　温中补虚，可防病强身

原料

羊肉 200 克，当归、生地各 10 克。

调料

生姜 2 片，色拉油、葱、盐各适量。

做法

1. 当归、生地拣净，水煎，取汁；羊肉洗净，切块；葱切碎。

2. 锅加油烧热，放入羊肉、生姜片煸炒数下，盛出。

3. 将煸炒后的羊肉、生姜片放入砂锅内，加水，烧沸后，倒入药汁，小火煲汤 1~2 小时，煲至汤香肉熟时，放葱，加盐调味即可。

补养功效

本品具有益气补血、温中补虚的功效，适用于病后、贫血、肾虚者食用。健康人在冬季进食可使身体精力充沛，还会起到防病强身的作用。

温馨提示

本品虽为冬季进补佳品，但因羊肉会加重胃肠的消化负担，故不适合胃脾功能不好的人食用。且不宜过多过量食用。暑热天或发热者应慎食。

生姜粥 宣肺散寒，适宜冬遇风寒

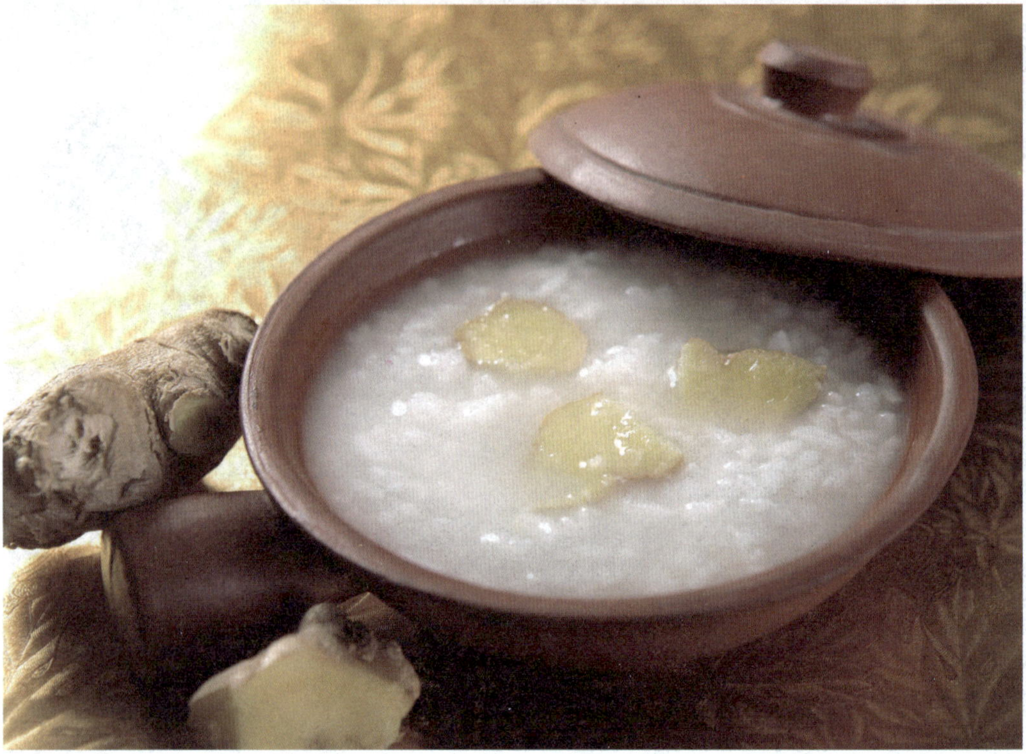

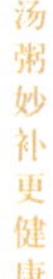

原料

生姜 10 克，粳米 50 克。

做法

1. 将生姜切片；粳米淘洗干净。

2. 砂锅内盛水，烧沸后，放入粳米、生姜，转小火煨粥 20 分钟。

3. 至粥稠米熟时，将粥搅拌均匀即可。

补养功效

本品具有宣肺散寒、温中止呕的功效。适宜冬季风寒感冒、胃寒吐逆，发热恶寒，无汗头痛骨疼，鼻塞流清涕，或胃脘冷痛喜按，得温痛减者。

温馨提示

凡表虚自汗、阴虚内热者，不宜食用。

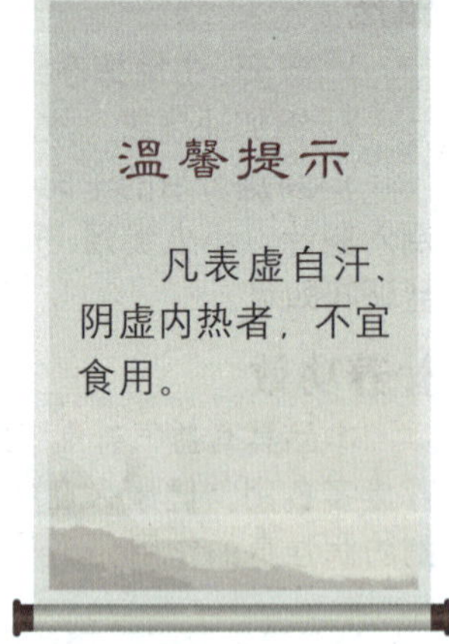

牛肉萝卜汤　补中益气，增强免疫力

> **温馨提示**
>
> 此汤一般人均可食用。但脾胃虚寒、胃及十二指肠溃疡、慢性胃炎者不宜多食。

原料

牛肉、白萝卜各150克。

调料

生姜2片，料酒、香菜、盐各适量。

做法

1. 将白萝卜洗净，去头切滚刀块；香菜切碎。
2. 牛肉洗净切块，氽水，去浮沫，放入砂锅内，加水，烧沸后，倒入料酒，加生姜片，小火煲汤1小时。
3. 放入萝卜块，继续用小火煲汤1小时，煲至汤香肉烂时，撒上香菜，加盐调味即可。

补养功效

本品具有补中益气、滋养脾胃、强健筋骨的功效，为秋冬季滋养身体、增强人体免疫力之汤中上品。

天门冬黑豆粥

益肝补肾，延年益寿

原料

天门冬 5 克，黑豆 20 克，黑芝麻 10 克，糯米 60 克。

调料

冰糖适量。

做法

1. 将天门冬、黑豆、黑芝麻及糯米分别洗干净，放入砂锅，加水适量，同煮成粥。
2. 待粥将熟时，加入冰糖，再煮沸即可。

补养功效

本品具有益肝补肾、滋阴养血、固齿乌发的功效。适用于头晕目眩、目暗耳鸣、发白枯落、面色早枯、腰酸腿软等症。

香菇炖土鸡

补气血，提高免疫力

原料

土鸡 1 只，香菇 6 朵，大枣 5 枚。

调料

姜、葱、盐各适量。

做法

1. 香菇洗净，去杂，切片；大枣浸软，去核；生姜、葱各切碎。
2. 土鸡洗净，去杂，斩块，放入锅中，氽水，去浮沫。
3. 取砂锅，加水，烧沸后，放入土鸡、姜末、葱末，小火煲汤 1 小时。放入香菇、大枣，同煲汤 45 分钟，最后加盐调味即可。

补养功效

此汤能补气血、养颜、提高免疫力，可软化皮肤角质层，有效改善皮肤老化。同时还有养胃健脾、延缓衰老的功效。

山药排骨汤　补肾养血，维护骨骼健康

原料

排骨 300 克，山药 100 克。

调料

生姜 2 片，盐、料酒各适量。

做法

1. 将排骨洗净，斩段，放入沸水中汆烫约 5 分钟，去浮沫，洗净，沥干水分；山药去皮，切滚刀块。

2. 取砂锅，加水，烧沸，放入排骨，倒入料酒，加生姜片，用小火煲汤 1 小时，放入山药，继续用小火煲汤 45 分钟。

3. 待汤香肉酥烂时，放入盐调味即可。

补养功效

本品可补肾养血，增强免疫力，尤其是其中丰富的钙可维护骨骼健康。

腊八粥　补中益气，和五脏

原料

粳米 50 克，小米、糯米各 20 克，高粱米、赤小豆、莲子、桂圆各 10 克，花生米 15 克，小大枣共 6 枚。

调料

白糖适量。

做法

1. 将桂圆去壳取肉；其他食材分别洗净。

2. 锅内加水，放入高粱米、赤小豆、花生米、莲子，用小火煮 20 分钟，再将粳米、小米、糯米、小大枣、桂圆肉倒入锅内一起煮。

3. 最后加入白糖，搅匀即可。

补养功效

本品有和胃、补脾、养心、清肺、益肾之功。

附录 常用食材滋补面面观

粳米——平和五脏

补养功效

粳米米糠层的粗纤维分子有助胃肠蠕动，对胃病、便秘、痔疮等疗效很好；

能提高人体免疫功能，促进血液循环，从而减少高血压的发生率；

粳米中的蛋白质、脂肪、维生素含量都比较多，多吃能降低胆固醇，减少心脏病发作和中风的概率。

食用宜忌

一般人均可食用；糖尿病者不宜多食。

糯米——补中益气、止虚汗

补养功效

糯米具有补中益气、健脾养胃、止虚汗之功效，适用于脾胃虚寒所致的反胃、食欲减少、泄泻和气虚引起的汗虚、气短无力。

食用宜忌

适宜体虚自汗、盗汗、多汗、血虚、头晕眼花、脾虚腹泻之人食用。

由于糯米极柔黏，难以消化，不宜一次食用过多；老人、小孩或病人需慎用；发热、咳嗽痰黄、黄疸、腹胀之人忌食；糖尿病患者不食或少食。

糙米——调和五脏、促进消化吸收

补养功效

糙米中米糠和胚芽部分的B族维生素和维生素E能提高人体免疫功能，促进血液循环，还能帮助人们消除沮丧烦躁的情绪，使人充满活力；

糙米中钾、镁、锌、铁、锰等微量元素可预防心血管疾病和贫血症。

糙米还保留了大量膳食纤维，可促进肠道有益菌增殖，加速肠道蠕动，软化粪便，预防便秘和肠癌；膳食纤维还能与胆汁中胆固醇结合，促进胆固醇的排出，从而帮助高血脂患者降低血脂。

食用宜忌

一般人均可食用，尤适于肥胖、胃肠功能障碍、贫血、便秘等人食用。

小米——滋阴养血，老人、病人、产妇更适宜

补养功效

小米中所含的铜是维护生殖健康所必需的微量元素。铜能维持正常的生殖功能和生长发育，孕妇摄入足够量的铜，能避免早产；

小米中含碘，孕期女性摄取足够的碘可维持甲状腺功能正常，可避免胎儿痴呆、智力低下、骨骼发育延缓。

小米中含有类雌激素物质，能滋阴，还有保护皮肤、延缓衰老的作用。

食用宜忌

小米是老人、病人、产妇宜用的滋补品。

气滞者忌用；素体虚寒、小便清长者少食；小米忌与杏仁同食。

玉米——开胃、通便，可防癌抗癌

补养功效

具有开胃、利胆、通便、利尿、软化血管、防癌抗癌等功效。适合用于高血压、高血脂、动脉硬化、老年人习惯性便秘、慢性胆囊炎等。

食用宜忌

霉变的玉米有致癌作用，不能食用；皮肤病者尽量不要食用。

黑米——滋阴补肾，长期食用可延年益寿

补养功效

黑米具有滋阴补肾、健脾暖肝、补益脾胃、益气活血、养肝明目等功效。经常食用黑米有利于防治头昏、目眩、贫血、白发、眼疾、腰膝酸软、肺燥咳嗽、大便秘结、小便不利、肾虚水肿、食欲不振、脾胃虚弱等。

食用宜忌

黑米适宜产后血虚、病后体虚者，或贫血者，或肾虚者，年少须发早白者食用。

脾胃虚弱的小儿或老年人不宜食用。

小麦——养心安神，除烦

补养功效

新麦性热，陈麦性平。它可以除热，止烦渴，利小便，补养肝气，可以使女子易于怀孕；补养心气，有心病的人适宜食用。

食用宜忌

一般人都可以食用。

黄豆——长肌肤，益颜色，填精髓，增力气

补养功效

黄豆可以降低人体胆固醇，减少动脉硬化的发生，预防心脏病，对糖尿病有一定的好处。常吃黄豆对提升大脑功能也有重要的作用。

食用宜忌

适宜虚弱者食用；男性需少吃黄豆制品为好。

不宜食用过多；食用黄豆及豆制食品，烧煮时间应长于一般食品。

黑豆——补肾益阴、滋补强壮

补养功效

具有消肿下气、润肺燥热、活血利水、祛风除痹、补血安神、明目健脾、补肾益阴、乌发黑发、解毒以及延年益寿的作用。用于水肿胀满、风毒脚气、黄疸水肿、风痹痉挛、产后风疼。

食用宜忌

一般人均可食用；不宜多食；不适宜生吃。

绿豆——消肿通气，清热解毒

补养功效

具有清热、祛暑、解毒、利水之功，常食绿豆对高血压、动脉硬化、糖尿病、肾炎有较好的辅助治疗作用。

食用宜忌

绿豆清热解毒，热性体质及易患疮毒者尤为适宜；绿豆性寒，脾胃虚弱者不宜多吃；慢性胃肠炎、慢性肝炎、甲状腺机能低下者忌食。

大枣——补虚益气，以调整免疫功能紊乱

补养功效

可补虚益气、养血安神、健脾和胃，是脾胃虚弱、气血不足、倦怠无力、失眠多梦者良好的保健营养品。

食用宜忌

胃虚食少，脾虚便溏，气血不足，营养不良，心慌失眠，神经衰弱，贫血头晕者宜食；慢性肝病肝硬化者宜食；心血管疾病者宜食。

痰浊偏盛，腹部胀满，舌苔厚腻，肥胖病者忌多食常食；急性肝炎湿热内盛者忌食；齿病疼痛者忌食；糖尿病患者切忌多食。

核桃——补肾、益气

补养功效

能滋养脑细胞，增强脑功能；可防止动脉硬化，降低胆固醇；有润肌肤、乌须发的作用，可以令皮肤滋润光滑，富于弹性；当感到疲劳时，嚼些核桃仁，有缓解疲劳和压力的作用。

食用宜忌

多食会引起腹泻。痰火喘咳、阴虚火旺、便溏腹泻者不宜食。

黑木耳——能增强人体免疫力，可防癌抗癌

补养功效

常吃黑木耳能起到清理消化道、清胃涤肠的作用；还能养血驻颜，令人肌肤红润，容光焕发，并可防治缺铁性贫血；对胆结石、肾结石等也有比较显著的化解效果。

食用宜忌

一般人均可食用。适于心脑血管疾病、结石症患者食用，特别适于缺铁的人士、矿工、冶金工人、纺织工、理发师食用。

有出血性疾病、腹泻者的人应不食或少食；孕妇不宜多吃。

桂圆——壮阳益气，补益心脾，养血安神

补养功效

桂圆有壮阳益气、补益心脾、养血安神、润肤美容等多种功效，可调理贫血、心悸、失眠、健忘、神经衰弱及病后、产后身体虚弱等症。长期食用，强体魄，延年益寿，安神健脑长智慧，开胃健脾，补体虚。

食用宜忌

内有痰火及湿滞停饮者忌食。

百合——润肺止咳，宁心安神，补中益气

补养功效

有润肺止咳、清心安神之功，对肺热干咳、痰中带血、肺弱气虚、肺结核咯血等都大有裨益；其还有清热、宁心、安神的作用，可用于热病后余热未清、烦躁失眠、神志不宁，以及更年期出现的神疲乏力、食欲不振、低热失眠、心烦口渴等症。

食用宜忌

百合虽能补气，亦伤肺气，不宜多食；风寒咳嗽、虚寒出血、脾胃不佳者忌食。

薏米——健脾利水，利湿除痹，清利湿热

补养功效

有利水消肿、健脾祛湿、舒筋除痹、清热排脓等功效，为常用的利水渗湿药。薏米又是一种美容食品，常食可以保持人体皮肤光泽细腻，消除粉刺、雀斑、老年斑、妊娠斑、蝴蝶斑，对脱屑、痤疮、皲裂、皮肤粗糙等都有良好疗效。

食用宜忌

一般人均可食用；本品力缓，宜久食；脾虚无湿、大便燥结者及孕妇慎用。

莲子——强心安神，滋养补虚

补养功效

有清心醒脾、补脾止泻、养心安神明目的功效。可用于心烦失眠，脾虚久泻，大便溏泄，久痢，男子遗精，妇人赤白带下等。

食用宜忌

不可长期食用；中满痞胀及大便燥结者忌食。

银耳——滋阴润肺，增强人体免疫力

补养功效

既有补脾开胃的功效，又有益气清肠的作用，还可以滋阴润肺。另外，银耳还能增强人体免疫力。

食用宜忌

一般人均可食用，尤其适合阴虚火旺、老年慢性支气管炎、免疫力低下、体质虚弱、内火旺盛、虚痨、癌症、肺热咳嗽、肺燥干咳、女性月经不调、胃炎、大便秘结患者食用。

外感风寒、出血症、糖尿病患者慎用。

枸杞子——滋肝，补肾，明目

补养功效

可滋阴养血，益睛明目。其对糖尿病、高血脂、肝功能异常、胃炎等均有裨益。另可调节免疫，防治肿瘤。

食用宜忌

外邪实热、脾虚有湿及泄泻者忌用。

葱——发汗解表，多用于伤风感冒

补养功效

具有发汗解表、散寒通阳、解毒散凝的功效。可用于风寒感冒轻症，痈肿疮毒，痢疾脉微，寒凝腹痛，小便不利等。

食用宜忌

一般人均可食用；更适宜伤风感冒、发热无汗、头痛鼻塞、咳嗽痰多者食；患有胃肠道疾病特别是溃疡病的人不宜多食；表虚、多汗者也应忌食。

姜——温暖、发汗，适用于外感风寒

补养功效

有温暖、兴奋、发汗、止呕、解毒等作用。适用于外感风寒、头痛、痰饮、咳嗽、胃寒呕吐；在遭受冰雪、水湿、寒冷侵袭后，急以姜汤饮之，可祛寒。

食用宜忌

夏季炎热之季，不宜多食；凡属阴虚火旺、目赤内热者，或患有痈肿疮疖、肺炎、肺脓肿、肺结核、胃溃疡、胆囊炎、肾盂肾炎、糖尿病、痔疮者，都不宜长期多食生姜。

花椒——芳香健胃，温中散寒，除湿止痛

补养功效

可温中止痛，杀虫止痒。用于脘腹冷痛，呕吐泄泻，虫积腹痛，蛔虫症；外治湿疹瘙痒。

食用宜忌

一般人均能食用，孕妇、阴虚火旺者忌食。

白菜——解热除烦，通利肠胃

补养功效

民间有“百菜不如白菜”的说法，白菜是预防癌症、糖尿病和肥胖症的健康食品。其能解热除烦、通利肠胃、养胃生津、除烦解渴、利尿通便、清热解毒；可用于肺热咳嗽、便秘、丹毒。

食用宜忌

一般人都可食用，特别适合肺热咳嗽、便秘、肾病患者多食，同时女性也应该多吃。

胃寒腹痛、大便溏泻及寒痢者不可多食；腐烂的大白菜不能吃。

苦瓜——消暑清热，解毒，除邪热

补养功效

具有消暑清热、解毒、健胃、聪耳明目、润泽肌肤、除邪热、强身的功效；使人肌肤红润有光泽，精力充沛，不易衰老。可用于发热、中暑、痢疾、目赤疼痛、恶疮等。

食用宜忌

脾胃虚寒者不宜食用；不宜过量食用；孕妇慎食。

木瓜——平肝和胃，舒筋络，活筋骨

补养功效

具有除湿利痹、缓急舒筋、消暑解渴、润肺止咳、清心润肺、帮助消化之功，治胃病、脚气等，可用于肌肤麻木、关节肿痛、脚气等症。

食用宜忌

一般人均可食用。更适宜慢性萎缩性胃炎者、缺奶的产妇、风湿筋骨痛者、跌打扭挫伤患者、消化不良者、肥胖者；孕妇、过敏体质人士不宜食用。

萝卜——消积滞，化痰止咳，可增强免疫力

补养功效

具有消积滞、化痰止咳、下气宽中、解毒等功效。还可促进胃肠蠕动，有助于体内废物的排出。常吃萝卜可降低血脂、软化血管、稳定血压，预防冠心病、动脉硬化、胆石症等疾病。

食用宜忌

一般人均可食用；体弱、脾胃虚寒、胃及十二指肠溃疡、慢性胃炎、单纯甲状腺肿、先兆流产、子宫脱垂者不宜多食。

莲藕——清热凉血，健脾开胃

补养功效

具有清热凉血、通便止泻、健脾开胃、益血生肌、止血散淤的功效。莲藕中含有黏液蛋白和膳食纤维，能与人体内胆酸盐，食物中的胆固醇及甘油三酯结合，使其从粪便中排出，从而减少脂类的吸收。莲藕有益于食欲不振者恢复食欲，还可用于热性病症。

食用宜忌

消化不良者不宜食用。

图书在版编目（CIP）数据

汤粥妙补更健康 / 靳爱华主编 .-- 北京：中国纺织出版社，2013.3（2025.4重印）
ISBN 978-7-5064-8948-5

Ⅰ. ①汤… Ⅱ. ①靳… Ⅲ. ①汤菜－食物养生－菜谱 ②粥－食物养生－食谱 Ⅳ. ①R247.1 ② TS972.122 ③ TS972.137

中国版本图书馆 CIP 数据核字（2013）第 023241 号

责任编辑：张小敏　责任校对：高涵　责任印制：王艳丽

中国纺织出版社出版发行
地址：北京市朝阳区百子湾东里A407号楼　邮政编码：100124
销售电话：010－61004422　传真：010－87155801
http://www.c-textilep.com
E-mail:faxing@c-textilep.com
北京兰星球彩色印刷有限公司印刷　各地新华书店经销
2013 年3 月第 1 版　2025年4月第2次印刷
开本：710x1000　1/16　印张：16
字数：150 千字　定价：98.00元